跟著台達
蓋出
綠建築 1

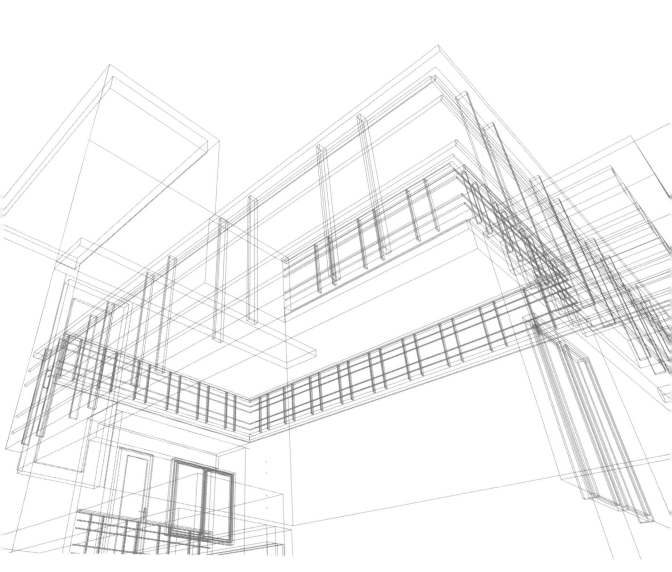

台達電子文教基金會 —— 著

CONTENTS

再版序　**展開行動 化解氣候變遷威脅**　.................　008
　　　　鄭崇華　台達集團創辦人暨台達電子文教基金會董事長

推薦序　**環境永續的推廣者與示範者**　.................　011
　　　　高希均　遠見・天下文化事業群創辦人

推薦序　**先行者的洞見與胸襟**　.................　014
　　　　簡又新　台灣永續能源研究基金會董事長

自　序　**台達的綠建築之路**　.................　018
　　　　鄭崇華　台達集團創辦人暨台達電子文教基金會董事長

Chapter 1　**築綠緣起 鄭崇華的初心**　.................　023

　　01 兒時啟蒙 老祖宗早有綠智慧　.................　026

　　02 在台灣的第一個家 台中一中　.................　044

Chapter 2　**商辦、廠房 統統綠起來**　.................　055

　　01「被動式」節能始祖 台達台南廠一期　.................　058

02 陸地上的白色郵輪 台達台南廠二期.............................. 068

03 小而巧的智慧實驗室 中壢研發大樓 076

04 譜寫工業區另一新頁 台達桃園研發中心 082

05 孕育未來綠色能量 台達桃園五廠 092

06 舊大樓變臉重生 總部瑞光大樓.................................. 096

07 節能創新的綠色機房
台北總部IT資料中心、吳江綠色資料中心 102

08 熱帶裡的白色電廠 泰達五廠 108

09 建築體質全方位健檢 台達EMEA總部大樓 112

10 散播綠色種子 台達上海運營中心.............................. 118

11 綠種子開花結果 台達北京辦公大樓.......................... 124

12 電廠和建築擦出綠色火花 台達日本赤穗園區.......... 128

CONTENTS

13 南亞試金石 印度Rudrapur廠.............................. 132

14 融入南亞文化美學 印度Gurgaon廠.................... 138

15 打造優質辦公環境 印度Mumbai辦公大樓.............. 144

16 地熱調節溫度 台達美洲區新總部大樓.................... 148

Chapter 3 **綠色夥伴迴響**................................ 157

01 潘冀聯合建築師事務所主持人 潘冀
   社會關注、政府當責 推動綠建築普及........................ 160

02 九典聯合建築師事務所主持建築師 郭英釗
   「低碳美學」被認同 綠建築才能說服大眾.............. 168

12支微電影，倒帶台達綠建築的精華片段

台達從2005年投入綠建築迄今十餘年，細悟當中過往，
承載了經驗與態度，學習與整合，信任託付與全力以赴，
這些故事是和建材一起砌出每棟綠建築。

故事需要被整理，方能回味與接續，
因此分別邀請了深度參與的綠建築主角，
其中包含台達主管、建築師或合作夥伴，
以第一人稱敘述，詮釋各棟綠建築的靈魂與精華。

12支影片每支以3〜4分鐘的時間，邀您領略。

綠築跡　　導讀人：台達集團創辦人 **鄭崇華**

大數據　　導讀人：台達董事長 **海英俊**
　　　　　台達台南廠一期、台達台南廠二期、桃園研發中心、
　　　　　台達桃園五廠

學習　　　導讀人：台達執行長 **鄭平**
　　　　　台達上海運營中心暨研發大樓、台達北京辦公大樓、
　　　　　台達印度公司Rudrapur廠、台達印度公司Gurgaon總部大樓

蛻變　　　導讀人：台達執行長 **鄭平**
　　　　　台達企業總部瑞光大樓

態度　　　導讀人：潘冀聯合建築師事務所創辦人 **潘冀**
　　　　　台達美洲區總部大樓

回憶　　　導讀人：台達集團創辦人 **鄭崇華**
　　　　　台中一中校史館

人之初　　導讀人：九典聯合建築師事務所主持建築師 **郭英釗**
　　　　　高雄市那瑪夏民權國小

整合　　　導讀人：成功大學建築學系講座教授 **林憲德**
　　　　　成功大學孫運璿綠建築研究大樓

永恆　　　導讀人：台達電子文教基金會副董事長 **郭珊珊**
　　　　　台達永續之環

扎根　　　導讀人：台達電子文教基金會執行長 **張楊乾**
　　　　　成功大學台達大樓、清華大學台達館、
　　　　　中央大學國鼎光電大樓、蘭花屋

曙光　　　導讀人：原中國可再生能源學會理事長 **石定寰**
　　　　　綿陽市楊家鎮台達陽光小學、雅安市龍門鄉台達陽光初級中學

風土再生　導讀人：中國建築學會祕書長、中國建築設計研究院副總建築師 **仲繼壽**
　　　　　吳江中達低碳示範住宅、農牧民定居青海低能耗住房計畫

展開行動 化解氣候變遷威脅

文／鄭崇華（台達集團創辦人暨台達電子文教基金會董事長）

《跟著台達 蓋出綠建築》自出版以來，讓各界對於台達本身並非從事營造業，卻相當熟稔於綠建築如何節能減碳感到相當好奇。包括美國綠建築協會（US Green Building Council, USGBC）、荷蘭綠建築委員會（Building Research Establishment Environmental Assessment Method, BREEAM）等，也都與台達展開新的合作計畫。

朝正能量建築方向前進

直至2019年底，台達自建與捐建的綠建築已達到27棟，並有兩座經能源與環境先峰指標（Leadership in Energy and Environmental Design, LEED）認證的資料中心，均為全球之先；三年之內綠建築總棟數更突破30%，並從淨零耗能（Net Zero）的標準，逐步朝向正能量建築的方向前進。

除此以外，台達也加入國際健康建築研究院（International WELL Building Institute, IWBI）的指標開發，讓更多健康建築的標準可以結合智慧與節能的元素，並將在台北內湖總部旁蓋出一棟符合WELL標準的建築。同時，台達也成立了樓宇自動化部門，讓台達在自動化控制的強項，可以運用在建築節能與追求室內空間的舒適與健康。

靈活調度綠色電力

台達的綠建築，單是在2018年就幫地球節電1,700萬度，若再加上台達同樣已布局超過十年的低碳運具充放電技術與電網等級儲能技術，未來跟著搭配建築做分散式能源的建置，使建築可以擁有具能源韌性的微電網系統，讓綠色電力可以更靈活地被調度與使用，將有助於減緩極端氣候對電網所帶來的衝擊，更是台達接下來對於全人類可以帶來的重大貢獻。

2020年開始，已有不少城市、區域與國家宣布進入「氣候緊急狀態」，全速朝向2050年零排碳的終極目標。

但在此同時，卻仍有不願正視科學界所發出的警訊，只在乎自己及利益共生團體就地分贓的政治人物，持續讓煤炭等化石燃料繼續主宰人類的經濟活動，甚至坐視他國面臨如森林大火、豪雨成災、糧食短缺、海洋生態系瓦解等衝擊。

國際上已有受害的島國呼籲，若有國家對地球快速升溫再不行動，將已構成「反人類罪」（Crimes Against Humanity）的罪行；阻止地球暖化不再是道德問題，而是人類族群存亡的關鍵。

　　希望透過《跟著台達 蓋出綠建築》的再版，將台達廠辦及基金會捐建的綠建築分成一、二冊出版，並搭配由王茂榮先生所撰寫的《跟著台達節能50%》，可以讓讀者更容易理解台達推動「環保節能」的初衷，也希望讓更多人具備信心，我們一定可以化解氣候變遷對全人類造成的威脅，只要我們願意立刻展開行動。

環境永續的推廣者與示範者

文／高希均（遠見・天下文化事業群創辦人）

在2010年出版《實在的力量》書中，我曾如此形容台達集團創辦人鄭崇華：「鄭先生的創業歷程，完全符合大經濟學家熊彼得在二十世紀上半葉所倡導『企業家精神』的經典定義。它是指創業者具有發掘商機與承擔風險的膽識，以及擁有組織與經營的本領。走在時代潮流前面的他，還擁有另一個抱負：承擔企業社會責任。」

實踐企業社會責任

六年之後出版的這本《跟著台達 蓋出綠建築》，正是台達實踐企業社會責任（CSR）的成果紀錄。

若問台灣產業界的CSR標竿，台達無疑是最常被提起的企業。《遠見》CSR調查舉辦十二屆以來，台達已累積十四座獎牌，創下無人能超越的高標。有趣的是，獎項設立前五年，由於台達連續三次獲得首獎，評審委員會只好把台達晉升為「榮譽榜」，委婉說明：暫停

三年申請。

　　不只是台灣企業的「高標」，台達集團近五年還連續入選「道瓊永續指數」（DJSI）之「世界指數」（DJSI World），且總體評分為全球電子設備產業之首，為世界企業永續經營的標竿。

　　其中，「綠建築」正是台達過去十年積極深耕的領域之一。由於多年來對於環保節能的重視，鄭崇華創辦人要求集團旗下所有廠房都必須是綠建築，過去十年間，已陸續打造九棟綠建築，遍及台灣、中國大陸、印度、甚至遠在太平洋彼岸的美國。

付諸行動，將危機變轉機

　　身為全球電源管理與散熱管理解決方案領導廠商，轉而投入打造綠建築，台達集團是維護環境永續的「實踐者」，他們以具體行動證明，只要願意關注環境永續議題，並付諸行動，氣候變遷的危機反而是企業的最佳機會。

　　台達集團同時是綠建築的「推廣者」。2008年起，他們開始把觸角延伸到校園，捐贈許多教學型的綠建築，包括四川楊家鎮台達陽光小學、四川龍門鄉台達陽光初中、高雄那瑪夏民權國小、成功大學孫運璿綠建築研究大樓、成大南科研發中心、清華大學台達館、中央大學國鼎光電大樓等。同時，也培養綠領志工，導覽綠色廠辦，讓民眾對綠建築有深入了解。

更令人佩服的是，台達集團勇敢而自信地擔任全球「示範者」：讓世界看見台灣在環境議題上的成績。

多年來，無論關注環保、能源、綠建築，台達都緊扣著全球大趨勢——氣候變遷。由於台灣不是聯合國會員，無法以正式國家身分參與聯合國氣候公約締約國大會，但台達集團透過旗下台達基金會，於2007年取得非政府組織的觀察員資格，到了2014年，首次獲得共同主辦周邊會議（Side Event）的機會，並在祕魯利馬舉行的聯合國氣候公約第20次締約國大會（COP20）中，召開周邊會議，傳達來自台灣的聲音。

有了利馬會議的成功經驗，在隔年巴黎氣候峰會（COP21）上，台達整合企業與基金會資源，以十年打造21棟綠建築經驗，參與聯合國主會場藍區（UN Blue Zone）及巴黎大皇宮（Grand Palais）舉辦的「Solution COP21」展會，成為有史以來曝光率最高的台灣團隊。

《實在的力量》書中，鄭崇華創辦人說：「只要實實在在地、一樣一樣地把事情做出來，信心就會油然而生。」在世界更動盪、人心更不安的此刻，《跟著台達蓋出綠建築》這本書，再次證實，也更讓我們看見，只要不放棄夢想、專注付出、做對社會有價值的事，就能成為社會正向發展的動力。

先行者的洞見與胸襟

文／簡又新（台灣永續能源研究基金會董事長）

　　2015年底，我在巴黎跟大多數選擇這段時間進入這個城市的人們一樣，為了關切地球氣候變遷的惡化，以及思考生態環境存續發展的對策而來，這就是全球矚目的聯合國氣候變化綱要公約第21次締約國會議（COP21）。

　　此次會議意義重大，主要的成果在於明確設定全球目標升溫小於攝氏2度，並致力於限制在1.5度以內，全人類一致決定共同解決氣候變化問題，全球195個國家均參與以國家自定貢獻（NDCs）做為減量目標之機制進行減排或限排，並在一個有法律拘束性的當責系統，進行透明公開的呈現。

　　此外，將由已開發國家籌集每年一千億美元的綠色氣候基金，協助開發中國家進行減緩與調適。

　　簡言之，《巴黎協定》開啟人類文明新的一扇門，走入低碳永續的未來，也將徹底改變能源發展與轉換的方向，並對全球經濟發展產生全面、不可逆的重大轉

型。上述這些跨世紀、劃時代的革命性發展，著實令人振奮！

更令我感到欣慰甚至驕傲的，則是我在巴黎看到且近身接觸了一家台灣企業，它將其本業核心技術與節能減碳議題相結合，竭盡所能地提高產品節能效率、精進生產過程，更早在十年前就樹立業界標竿、興建全台灣第一座九項指標都通過的黃金級綠建築標章認證的廠辦，隨後更獲得晉升為鑽石級綠建築。

節能不是口號

整個COP21會期中，這家企業不僅投注大量人力、物力，更可貴的是為提高我國企業國際聲譽投入了許多的心力：在大皇宮圓滿舉辦一場引起與會代表關注的綠建築特展，並主動參加或發起數個周邊會議，尤其難能可貴的是獲得德國館的邀約舉辦周邊會議。

讓集團內的高階經理人紛紛化身環保使者，為台灣向國際舞台發聲，闡揚各種節能減碳的理念，並將公司在2009到2014年間五年內，減少50％單位產值用電量的實際成果來佐證——「節能不是口號」，他們不僅已經做到，並且未來還有雄心繼續做得更好。

相信大家都知道了，這就是台達。這就是讓世界在環境與氣候議題上清楚看見台灣的先行者。台達是台灣少數將節能減碳內化在公司企業社會責任的企業，除了各式節能產品的研發速度驚人外，更在COP21這

麼重要的國際舞台引領前瞻性的議題，實在是企業界的台灣之光。

講到台達，不得不提及創辦人鄭崇華先生。鄭先生是我個人非常佩服的企業家，從創業初期遭逢石油危機，鄭先生就對能源問題深有所感，一直到公司投入IT產品研製，更不斷思索如何提高整體營運與製造效率，以節省水電資源，所追求的是公司「環保 節能 愛地球」的經營使命，這樣無我的大愛精神，不僅賦予公司強大的創新力量，也對整體營運績效與企業聲譽，帶來關鍵性的影響與非常正面的幫助。

即知即行、做就對了

鄭先生是一位非常樸實的人，做事情總是默默耕耘，先把眼光放遠，再把腳步踏實，經營企業如是，關懷全人類亦如是。近年來，鄭先生逐漸退出台達集團第一線的經營，但他卻用更上一層樓的高度，繼續其永續環保志業。

台達從2006年開始，十年來總共在全球蓋了21棟綠建築，這樣的速度與成績，全世界都沒有幾個企業或團體能望其項背。台達不僅推廣與實踐綠建築，近年更積極研發，運用自家產品或整合方案來提升建築的能源使用效率。這種「lead by example」的實在作為，真是堪為典範！

我認為這本書，帶給大眾的重要意義，就在於將台

達「即知即行、做就對了」的理念分享給大家，並藉由各具特色的綠建築實例，讓大家了解這些重要卻簡單的觀念，是可以落實成眞的。當多數人改變觀念，就可以成就風氣、攜手實踐，我想，這也是鄭先生暨台達團隊，最希望達成的使命。

自序
台達的綠建築之路

文／鄭崇華（台達集團創辦人暨台達電子文教基金會董事長）

2015年底，台達參與了全球最關鍵的巴黎氣候會議，包括主辦周邊論壇、參與國際會議，並舉辦綠建築展覽。然而，這一切並非一蹴可幾，而是長期的累積和努力。

台達從2007年起持續出席每一屆聯合國氣候會議：2013年台達基金會取得第一手IPCC國際氣候專家報告，即時為各界解讀國際關注的氣候議題；2014年在利瑪氣候會議的周邊會議上，台達以那瑪夏民權國小綠建築的案例，向國際與會者展示綠建築的節能效益。2015年在巴黎COP21期間，台達將十年來興建二十多棟綠建築的成效，與國際人士分享。

2016年6月，我們將COP21巴黎綠建築展移展北京，接著在9月底移展到台北華山，讓大家看見智慧綠建築如何兼具節能與舒適。舉辦華山綠建築展的同一時間，我們也和《遠見》雜誌合作出版了這本書──《跟著台達 蓋出綠建築》，將台達過去興建綠建築的經

驗，以文字、照片和影像呈現給社會大眾。

感謝《遠見》雜誌專業的編輯團隊耗費心思採訪，並協助本書的文字編排與企劃，讓一般人也能進入綠建築世界。也特別感謝台達同仁，他們平日工作繁忙，卻還主動提議出版書籍和微電影，為自己額外增添不少工作量。

事實上，台達能完成這些綠建築，是一群幕後無名英雄努力的成果，尤其是台達營建處陳天賜總經理。在工地遇見陳天賜，看他曬得黝黑的模樣，你想像不到他是電機系畢業的專業經理人。他對工程品質毫不妥協，不符合標準的地方一定修改到好。沒有他的付出，不會有這麼好的成果。

綠建築可以環保又節能

透過這本書，台達想要分享的是，綠建築可以環保節能，又能讓使用者更健康舒適。同時，綠建築並不是昂貴的建築，反而是利用本土天然的優勢就地取材。有一次有訪客好奇問我，台達蓋桃園研發中心到底花了多少錢，我反問他：「你認為要花多少錢？」結果對方猜的金額，幾乎是台達實際花費的兩倍。他得知後驚呼：「怎麼可能？！」實際上，我們除了設計及選材用心，許多設備及自動控制軟硬體也都是員工們努力的成果，我們自己設計、自己製造、自己裝配使用。

台達十年來打造了二十多棟綠建築，累積了許多

的經驗。如2015年落成的台達美洲區新總部綠建築大樓，建築物冬暖夏涼，全年用電量不會超過自身利用太陽能所產生的電量，達到淨零耗能的高標準。此外，對於過去興建的舊有建築，同仁們也設法改善，如台達全球總部瑞光大樓，雖然外觀看不太出來改造前後的差別，但藉由用心調整大樓的照明、空調和電梯能源回生系統，電費就省了一半，不僅成為第一棟獲得台灣EEWH綠建築標章既有建築改善類最高的鑽石級認證，同時也獲得美國綠建築協會LEED既有建築改造最高等級的白金級標章。

為何關心環境危機？

在這累積的過程中，我發現建築物具有30%～60%的減碳潛力，興建綠建築更可達到十分可觀的節能效益。然而，世界上有不少偉大建築，外觀設計非常考究，也顧慮到居住者的舒適，但卻很少有人關注是否浪費地球資源，使用起來是否節能省電。經常有人問我，「為什麼您那麼關心環境危機，熱中拯救地球？」其實我自認環保意識並非與生俱來，而是人生境遇的深刻體悟。

在創立台達以前，我曾任職於美商精密電子（TRW），負責生產、技術及品管總共五年。到任之前，我被派到美國總公司受訓三個月，在美國，電鍍廠排放的廢水都蓄積在大池子裡，每隔幾小時就放入

化學藥劑處理有毒物質，排放到河裡前，還得再三確認。只要環保單位在河口抽檢到有毒物質，工廠就會遭受重罰甚至勒令停工。

當我結訓回到台灣的樹林工廠，卻發現廢水排放前完全沒有經過處理，就流入附近的田裡，原來台灣分公司為了節省成本，再加上當時沒有明確法律規定，也就沒有編列處理廢水的預算。由於有毒物質含量只要個位數的ppm值（百萬分之一），就可能致命，這讓我一夜難眠。隔天，我告訴外籍總經理，這個問題很嚴重，若出了人命，負責人將會被判重刑。當下外籍總經理嚇到臉色慘白，要我「趕快花錢去做！」我立刻找了水電公司，土法煉鋼地把廢水處理系統建構起來。

像這樣一點一滴的人生經驗，再加上我在九〇年代後期陸續看一些環保書籍，包括：《四倍數》（*The Ecology of Commerce, Factor Four*）、《綠色資本主義》（*Natural Capitalism*）、《從搖籃到搖籃》（*Cradle to Cradle*）等，都給我很大啟發。後來我也跟著《綠色資本主義》的步伐，實際走訪了幾間書上介紹的綠建築，開始了台達的綠建築之路。

近年來天災愈來愈多，也愈來愈嚴重，我們必須覺醒，加緊環保節能，希望本書所介紹的台達綠建築之路，能為有心的個人與企業帶來啟發，並進一步用行動來維護人類的永續生存。

Chapter 1

築綠緣起
鄭崇華的初心

這些年，關於極端氣候的新聞，或辯論能源改革的聲浪，常在媒體版面與網路社群四處延燒，成為人人普遍有感、卻又感到無力的弔詭議題。因為截至目前，沒人可以提出完美的解決方案。

或許，大家該停下來想想，關於環保這件事，我們似乎「說」得太多，卻「做」得太少。我們容易被執行的阻礙給牽絆，反而看不到改變帶來的好處。

有位企業家，已在環保這塊領域默默耕耘了數十年；他不僅希望能透過教育，喚起民眾的環境意識，更盼藉由實際驗證的數據，證明節能非但可行，更是人人都可採行的做法。

他，就是被譽為「環保傳教士」的台達集團創辦人鄭崇華。長年來，他不但致力推動能源教育與普及綠建築的觀念，更不時在各種場合勇於發言，希望帶動台灣的社會發展模式和經濟成長結構，未來能順利朝永續方向成功轉型。

外界不免好奇，1971年從電視零組件起家，爾後登上全球最大電源供應器龍頭寶座的台達，為何會如此專注環保領域？而在電子製造業已經占有一席之地的台達，又為什麼會從十幾年前開始，陸續自建與捐建二十餘棟綠建築？

這一切，都得從鄭崇華年少時的好奇心談起。

台達於2009年打造高雄世運會主場館的太陽能光電系統，每年可發電110萬度以上，減少660噸二氧化碳排放量，效益等同種植33公頃的樹林，實踐環保理念。

01

兒時啟蒙
老祖宗早有綠智慧

蘇重威 手繪

鄭崇華是福建北部的建甌人，建甌市位於閩江上游、武夷山東南面，在文獻中有記載的歷史就有三千多年，福建省的名字就是從南方的福州與北方的建州（建甌古地名）各取一個字而來。

鄭崇華的外祖父家，位於離建甌三十多公里的水吉縣，小時候因為戰亂，他和母親、弟弟待在水吉外祖父家的時間比較多。鄭崇華回憶，在水吉的幼年時光十分愜意，常在學校放學後、太陽下山前，和同學朋友相約釣青蛙、抓魚，浸淫在大自然的懷抱中。

中國傳統建築的奧妙

從小，他就是個對很多事感到好奇的孩子，喜歡看人們怎麼駕牛耕田，常跟著朋友到田裡插秧種稻。印象最深刻的事情是，水吉這個小鎮的天氣變化很大，夏天很熱，冬天卻會冷到下雪，但每每回到家門大廳，屋內溫溼度並沒有受到外面天候太大的影響。儘管夏天在外面熱到汗流浹背，一回到屋內又很涼爽；冬天即使下雪，屋子裡也不像外面那麼冷。

鄭崇華記得，外祖父家的大廳天花板很高，牆壁不僅很厚，由黃泥與稻草製成的磚頭中間還保留了一層空隙。多年後他到德國參訪綠建築才知道，原來這層空隙具有隔熱（冷）效果，德國人利用報紙與破布裹蠟，放在牆壁裡隔熱，但傳統中國建築已有這種智慧。

另外，大廳兩旁各有一個天井，這兩個天井讓冬天

在電力尚未出現的古早年代，人們就懂得讓建築順應氣候條件，營造冬暖夏涼的環境。

傳統閩北建築裡的
綠色智慧

傳統閩北建築樣式受「徽派」影響甚深，多以杉木為骨、方石為基，輔以青磚灰瓦，卵石砌坪。

兒時的親身體驗讓鄭崇華發現，傳統建築其實蘊含有許多環保巧思與節能創意，可以用最自然的方式，提升居住者的舒適度。

本書特地邀請潘冀聯合建築師事務所主持人蘇重威，根據鄭崇華的描述，親自手繪了幾幅素描，重現他當年兒時居住的外祖父水吉宅邸，帶領讀者領略老建築的綠智慧。

牆壁增厚，協助隔熱

閩北建築常使用「夯土磚」，在牆面與牆體之間，以空斗砌法創造一個「空氣層」，幫助建築隔熱，內牆再以石牆做為修飾。

鄭崇華回想，建甌老家的牆體非常厚，而且隔熱的空氣層有兩層，若將牆面剝開，還能從裡頭的黏土層挖出稻稈，透過這些複合材質，使牆體兼具防潮與隔熱等功能。

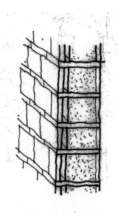

屋頂挑高，促進通風

鄭崇華的印象裡，外公家的廂房至少有三層，
一樓是家人活動空間，二樓做為儲藏室，偶爾
他會用一張小樓梯爬上去寫功課。
至於最上面那層樓，其實只有屋頂、沒有牆
壁，主要是利用通風原理，讓室內維持涼爽宜
人的溫度。

地道引風，調節溫度

閩北宅院裡的地坪石板下方，偶會順應地勢
埋設風道，將宅院後方經水塘降溫的冷空氣
導入。在還沒有冷氣可用的年代，提升空氣
中濕度以吸收「潛熱」，是很常見的建築降
溫方式。

漏斗天井，加強採光

古時候的人沒有電燈，燭火又有危險性，只能
活用頭上的陽光。
外祖父家的廂房，屋頂設有「漏斗型」的特殊
天窗，除了能將明亮天光引入室內，而且相較
於一般天窗，還能減少直射進來的輻射熱。

大門緊閉時，室內空氣還是可以跟外界流通。天井下還有石板打造的雕花花台，高度剛好到他的脖子，所以他常靠在花台上，忘情地觀察螞蟻。

有次大雨，鄭崇華還順著水流的方向，發現屋內有一條隱藏的風道，是通往屋外的花園旁水池。他認為這應該是利用水池降溫，再利用風道將冷空氣引入室內，最後由天井排出。當時年紀還小的他，當然不知道什麼是「綠建築」，但每天都在享受這種建築帶來的舒適感與節能效果。「我想，這也是環保跟節能意識在我心中萌芽的開始。」

他事後發現，中國古代的建築方式既健康又環保，通風、採光、隔熱等樣樣考慮周到，深覺先人的智慧十分可貴。

缺電刺激 以環保節能為理念

第二次的啓發，是鄭崇華剛創業的1970～80年代，當時碰上台灣製造業與電子業蓬勃發展的時期，不僅工廠用電量大增，國人的收入和生活水準也不斷提高，開始大肆採買電視、冰箱、洗衣機等家電，導致每年用電量持續成長，常有供電吃緊或停電之虞。

不僅如此，當時國際上更爆發兩次震驚全球的「石油危機」，各國對能源議題的焦慮與討論聲浪，比起現在可說有過之而無不及。「現在大家講缺電危機，其實跟當年比起來不是那麼緊張，因爲很多工廠都跑

1 　現任台達執行長鄭平（左三）與營建處總經理陳天賜（右一），2005年陪同鄭崇華走訪包括太陽能建築創新中心（SOBIC）、SolarFabrik工廠、建築技術訓練中心（HBZ）等，了解德國當時在綠建築與再生能源的發展。

2 　鄭崇華在拜讀羅文斯（Amory Lovins）所撰《綠色資本主義》後，到美國實際走訪落磯山研究中心（RMI）總部，向羅文斯（左）請益建築節能之道，兩人的友誼也維持至今。

3 　由泰國建築師Soontorn Boonyatikarn設計的生物太陽能之家（Bio Solar Home），鄭崇華參訪過四次。

去大陸了，」鄭崇華日後受訪時談到。

這段經歷，不但讓身為企業經營者的鄭崇華開始關注能源議題，後來更促成台達從電視零件，轉向研發交換式電源供應器（Switching Power Supply），經過幾年的努力，終於在1983年成功打入電源管理產品市場，促成公司下一波的飛速成長。

閱讀中獲得啟發 領軍參訪專家

2002年，他讀到一本《綠色資本主義》（*Natural Capitalism*），作者羅文斯夫婦（Amory & Hunter Lovins）提到幾個現在已成顯學的重要概念，包括新的工業革命；工業發展造成的能源、資源的浪費與短缺；混合動力汽車、氫燃料或電動汽車；創新的工業設計與管理模式以減少浪費、汙染等。

不過，除了跟經營企業相關的內容，還有一個令鄭崇華印象深刻的概念，就是「綠建築」！

書中提到，建築物所消耗的能源，占全球能耗多達1/4到1/3。然而，現代人居住或工作的空間既不舒適也不健康，活脫脫像是個大箱子，用極端的照明和空調設備，企圖打造適合生活的場域，但現代建築採取的通風、採光、隔熱等人為手法，卻沒有一樣順應自然氣候與周遭環境的特性，變成一種極不協調的設計，不僅在建材上形成浪費，後續幾十年的使用與居住過程，更會造成電力與水資源的過度消耗。

聞名的德國魯爾區廢礦坑重建計畫，有棟長176公尺、寬72公尺、高15公尺的大型綠建築蒙特賽爾學院（Akademie Mont-Cenis），上萬平方米的屋頂安裝了大量太陽能板，發電量曾高居世界單一建築物之冠，不但用電自給自足，還有餘電回饋市電。

　　讀到那些篇章，不但讓鄭崇華想起小時候住在外祖
父家的體驗，以及那份冬暖夏涼的回憶，更喚醒了他
長久以來隱藏在心中的問號。

　　2004到2005年間，他在繁忙行程中，毅然決定背起

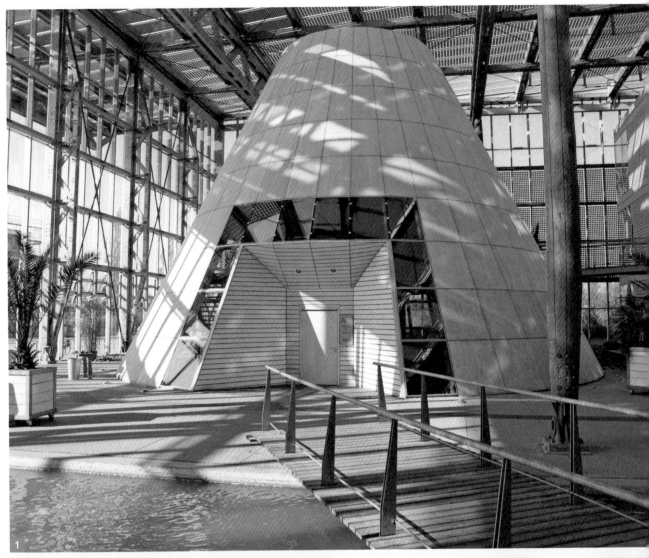

行囊,展開多次綠建築參訪旅行,到國外吸收最新的綠建築知識。同行並帶著實際為公司規劃廠房的營建處總經理陳天賜、設計廠房的建築師、執行環境教育專案的基金會同仁、各相關事業單位與分公司同仁,一起走訪世界各地的知名綠建築。

綠建築設計需因地制宜

首先,他從書中提到一座位於泰國的綠建築為起點,到當地會晤專精於綠建築設計與工法的大學教授Dr. Soontorn Boonyatikarn,參觀他設計監造的生物太陽能之家(Bio Solar Home)。鄭崇華坦承一開始半信半疑,前後一共去泰國拜訪了Dr. Soontorn多達四次,到現場親自見證,並請專人解說綠建築的設計原理跟施工手法,讓許多同行的台達主管大開眼界。

只有三層樓的生物太陽能之家,原本希望用太陽能支應所有日常用電,但由於屋頂面積不足,讓許多工程師傷透腦筋,沒想到經過Dr. Soontorn的巧手,並搭配當地自然環境、氣候,最後用電量僅為同樣樓地板面積建築的1/16(約6.7%),而且透過通風設計,加上植栽與地道降溫等機制,還可在四季如夏的泰國,將室內溫度維持在25度上下、相對濕度保持50%左右,並擁有良好的空氣品質。

隔年,台達轉往德國取經。當時德國已是廣泛應用太陽能的綠能大國,他們走訪許多大型的綠建築與辦公

1 德國魯爾區的「屋中屋」(house in house),是鄭崇華多次綠建築參訪行程中印象最深刻的作品。

2 引進大量自然光線的綠建築,白天不用開燈就很明亮。

3 屋中屋使用許多當地林木做為建材,一方面降低運輸排碳量,二來也有「固碳」之效。

室、工廠、住宅社區，以及推廣綠建築示範機構與培訓員工的訓練所，深入研究德國人如何打造綠建築。

其中，最令鄭崇華印象深刻的，是德國魯爾區廢礦區重建計畫裡的蒙特賽爾學院（Akademie Mont-Cenis），建築師以屋中屋的方式興建綠建築，外層以建築整合型太陽能板（BIPV）建造100萬峰瓦（1MWp）的「微氣候帷幕」，內在空間則包含圖書館、水池、咖啡館等建物。

蒙特賽爾學院運用許多的木頭做梁柱，這些木頭都是當地為了讓森林健康成長，因疏伐而產生的建材，也等於將二氧化碳固化於木頭之中，極具德國特色。這樣的設計也讓鄭崇華體會到，不同的國家對於綠建築的設計都應該要有一套在地的標準，以符合當地的氣候與自然條件。

催生台灣首座黃金級綠建築

到海外親眼見證後，鄭崇華深感，既健康又節能環保的綠建築，現在不做，將來一定會後悔！

2005年，適逢台達準備在台南科學園區興建新廠辦，鄭崇華便定調，往後所有新廠辦都要打造成綠建築，隨即著手尋找國內的專家協助。

當時正巧台灣綠建築標準EEWH的起草人、成功大學建築系教授林憲德到台達演講，鄭崇華先是在會後與他深談許久，後來就決定委託林憲德，將台南廠打

2006年落成的台達台南廠，在國內綠建築歷史締造許多「第一」的紀錄。

造為台灣第一棟的綠建築廠辦大樓。林憲德就此成為
台達推廣綠建築不可或缺的重要夥伴，還義無反顧地
打造出台灣首座「零碳建築」——成功大學孫運璿綠建
築研究大樓，成為一時話題。

林憲德回想，或許是他標榜綠建築不必是「閃閃發亮的太陽能晶片」、「嗡嗡作響的風力發電」或「核子潛艇般的儲冰空調」等酷炫路線，反而應回歸自然通風、簡樸造形、重複利用等順應環境的基調，因此雙方在理念上一拍即合。

　　過去，大家總認為電子業屬於高耗能產業，相對的，電子廠房一定也是高耗能、高汙染的建築物，許多人都以為高科技廠房要有晶瑩剔透的玻璃帷幕，或閃閃發光的金屬外牆。事實上，這些都是「能源殺手」，根本不適合台灣高溫又潮濕的亞熱帶氣候。

台南新廠打破昂貴迷思

　　有鑑於此，台達希望扭轉這個刻板印象，打算將台南新廠打造為一個生態、節能、減廢、健康的全新場域。廠房外觀即以深遮陽與豐富陰影，尋求採光跟隔熱的平衡點，一方面呼應台灣所處的亞熱帶氣候特色，更希望同時達到節能的效果。

　　經過林憲德與建築團隊的規劃，2006年，台達的台南新廠成為第一座全數通過內政部綠建築EEWH評估系統九大指標的建築物，更是台灣第一座獲得「黃金級」綠建築標章的廠辦。啟用後仍持續改善，陸續更新節能系統，2009年再升格為「鑽石級」的綠建築。

　　十多年後回過頭來看，台南新廠不但是台達在綠築跡旅程上的實作濫觴，更重要的是，它還打破了綠建

築建價昂貴的迷思。

鄭崇華評估，台南新廠只比一般廠房多花約15%的成本，「很多是因為當時還沒有適合的建材，」一旦綠建築成為房地市場主流與施工標準，建材供應問題大可改善。

綠建築微電影，精華現播

在德國
綠建築並非時尚豪宅

時任台達基金會副執行長、多次陪同出國參訪的黃小明笑說，鄭崇華對綠建築的相關知識很感興趣，「董事長連吃飯的時間都在翻資料，一刻不得閒，」好學的工程師性格一覽無遺。

1997年問世、至2016年4月累積銷售突破900萬輛的豐田（Toyota）油電混合動力車Prius，可說是近年全球最熱賣的節能車款（Hybrid）。

不過，在2006年Prius引進台灣市場之前，鄭崇華早在2004年就自己設法進口了一輛，研究箇中的節能奧妙。

黃小明觀察，在台灣，綠建築常被當成高價豪宅的行銷訴求，成為一種綠色時尚；但那時台達在德國參訪的綠建築，多是一般的民宅，甚至有不少是由老百姓親手打造，顯示環保觀念已深入國民的日常生活，並非趕流行或炫富心態。

儘管不少人擔心，綠建築的建造預算偏高，但理性的德國人仍然肯將錢花在刀口上，因為從能源節省的效果與友善環境的長期績效來看，打造綠建築的花費不會太高，而且更節省。

沒有陳天賜
就沒有台達的綠建築

談到台達的所有建築，當然包括綠建築，絕對不能不提到這位幾乎每位台達人都聽過、卻不一定見過的幕後英雄——台達營建處總經理陳天賜。

每次談到台達的建築，鄭崇華就會提到陳天賜，肯定地說：「若沒有陳天賜，這一切都不可能。」

鄭崇華眼中的陳天賜，認真、負責，但要求嚴格、脾氣很壞、注重細節，所有上下游廠商都很怕他，但也因此讓台達的建築品質極高。這位四十年的老員工得到鄭崇華的高度信任，「他的報表、帳單，我閉著眼睛都能簽。」

每棟興建中的建築工地，陳天賜一定帶著鄭崇華巡視。有一次陳天賜向廠商介紹，「這位就是我的老闆」時，廠商還半開玩笑地挖苦陳天賜，「你還有老闆喔？！」

陳天賜，大專機電科系畢業，1978年進入台達就被賦予新建廠辦的任務，「應徵時，我以為是來做機電設備維護，沒想到鄭先生說，我就是找你來蓋工廠的呀！」

回憶起當初的轉折，陳天賜說：「多虧鄭先生給我們這些做事的人很大的空間，邊做邊學、累積經驗，不然可能三個月就走了。」事隔近四十年後再笑談剛進公司的那三個月，陳天賜除了感念創辦人的信任與肯定，眼神中更煥發一股捨我其誰的使命感。

「綠建築，我只把它當做一個名詞，在大家都不曾談論這個名詞時，台達蓋工廠早已首重通風、採光、隔熱、散熱等，可以說，從八〇年代起，就開始在廠辦興建過程中運用許多現今所謂『綠建築』設計跟工法了，」他說。

這樣的創意未必在當時的綠建築認證標準內，但透過專業與豐富經驗，陳天賜默默地替台達節省建廠成本，並減少無謂的能源消耗。

蓋了快四十年的工廠，陳天賜在

工地打轉的時間比待在辦公室多，正要問他最滿意的作品是什麼時，他一直謙稱，「代表作？沒有沒有，我沒有代表作啦，有代表作也是台達的代表作！」話還沒說完，他已經行色匆匆地趕到隔壁施工中的中壢三廠去「巡田水」了。這就是老台達人最令人感佩的無我精神。

02

在台灣的第一個家
台中一中

除了在福建老家古宅感受到綠建築的奧妙，很多人不知道，鄭崇華在台灣的第一個家——台中一中，也對他日後踏上綠築跡旅程，有著重要啟發作用。

由於戰亂因素，鄭崇華十三歲便跟著三舅來到台灣，從此和父母分隔長達三十五年。來台不久，三舅因工作關係必須離開他身邊，使得甫進入台中一中就讀的他，隻身在校園與宿舍過了五年，必須忍受孤寂，學習如何自己照顧自己，打理生活所需的一切。

在其自傳《實在的力量》，鄭崇華描述那段離鄉背井的年少時光，每逢寒暑假，大多數同學都回家跟親人團圓，平時熱鬧的宿舍，只剩一批東北來的高中部學長，他整天在空蕩蕩的校園裡閒逛，好不寂寞。

數不盡的夜晚裡，他常一個人坐在操場仰望星空，一邊想念家人，幻想他們是否也在另一處仰望同一個月亮；一邊又好奇，宇宙到底有多大？星空的存在有多久？浩瀚的宇宙，無形中撫慰了年輕遊子的心，也讓鄭崇華培養出敬畏自然、尊重環境的謙卑態度。

台灣第一棟公告的碳足跡歷史建築

他曾在多場演講中表示，若把地球四十六億年的歷史濃縮為一天24小時，人類的祖先「智人」只出現在最後9秒鐘，而不到三百年的工業革命，更只存在不到0.1秒的瞬間。「但人類卻忽視了地球天然資源有限，所從事的各種活動大量地耗用自然資源，造成能源短

台中一中校史館

建造年份	1937年（2015年修復）
設計	畠山喜三郎（潘冀聯合建築師事務所規劃修復、一元創合設計公司調查研究）
空間量體	822.53平方米
相關認證	台灣第一棟經計算並公告「碳足跡」的歷史建築 2017年英國LEAF建築再利用獎

1　整排的玻璃門窗，讓校史館擁有充足的自然光線，亦可強化通風效率。

2　台中一中校史館修復案設計圖。

3　建築師刻意保留屋頂上難得一見的「芬克式桁架」（Fink truss），讓後人了解日治時代的建築風格。

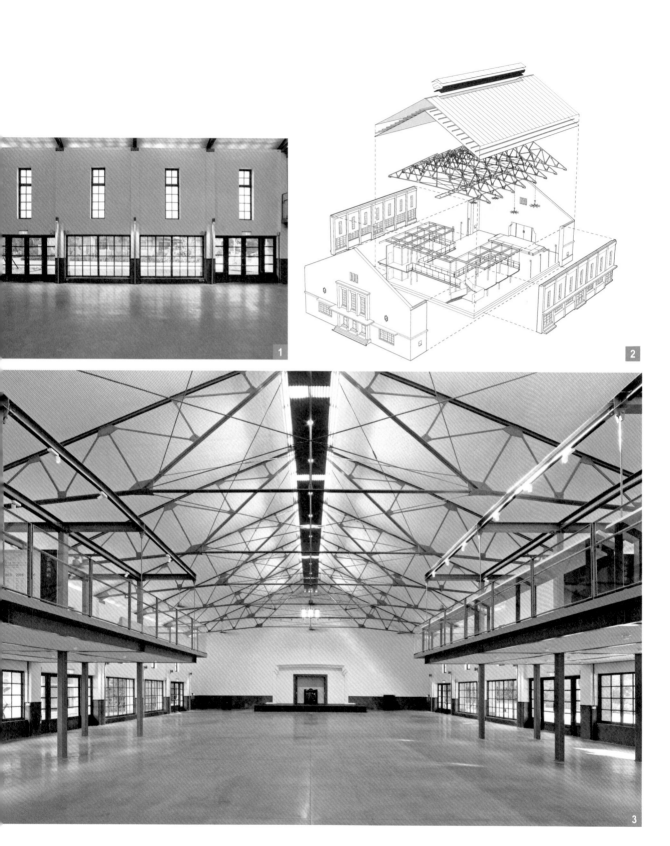

47

缺，破壞了原來的生態平衡，甚至因爲溫室效應的加劇，改變了地球的氣候！」

多年後，鄭崇華感念當時台中一中的指導，讓跨海來台的他，能在台灣有片小小的安頓之地。在校方邀請下，他委請國際知名的潘冀聯合建築師事務所及古蹟修復經驗豐富的泰南營造，參與校內唯一留存的日治時代老建築、2004年被台中市政府登錄爲歷史建築的校史館修復工程。

2015年5月，正值台中一中建校百年的歷史時刻，歷經四年的規劃研究和施工過程，鄭崇華終於讓母校的重要文史資產得到妥善修復，更藉由綠建築的巧妙工法，爲這棟近八十年的日治時代老建築添上友善環境的新面貌，成爲台灣第一棟經計算並公告「碳足跡」的歷史建築。

復舊如舊 活用日據校舍綠思維

令人意外的是，日據時代打造的校史館，竟然也含有友善環境的設計理念，證明綠建築並非什麼前衛潮流，而是順應自然、普世通用的建築基本原則。

台中一中校史館舊名「第一中學講堂」，由日本建築師畠山喜三郎設計，一開始是朝體育館做規劃，同時也是集會場所。當時日本政府因戰時需求，在台灣中、小學校大量興建或改建舊制講堂，藉集會場合宣導天皇政令，第一中學講堂就在此時空背景下建立。

為古蹟添綠意
比重建還困難

量體不算大的台中一中校史館，從開始構思整修到最後完工，幾乎花了整整四年，堪稱台達打造的眾多綠建築中，耗費時程最久的一座。為什麼？

2011年開始負責校史館修繕的台中一中退休教師王昭富，原本和大他快三十歲的老學長鄭崇華素昧平生，趁著一次跟校友會北上參訪的機會，向台達主管提出募集校史館修繕資金的需求，沒想到竟獲得鄭崇華回覆，允諾抽空回母校看看。該年底回校參訪後，鄭崇華立即答應盡最大努力協助。

事實上，如何妥善修復歷史古蹟，或讓既有建物轉為綠建築，難度比從頭打造一座新建築還高。

而翻修被政府列管的文史建物，過程必須經歷許多公家單位的密集審核與監督動作，很容易嚇跑贊助單位與施工團隊。王昭富透露，台中一中校史館已算幸運，獲得來自台達的民間資源支持，假使建造資金由官方提供，審核程序恐怕更加冗長。

不僅如此，為保護歷史文物風貌，校史館的翻修預算也不斷提高，從原本成功大學研究團隊估計的不到2,000萬元，最後飆升到近7,000萬元，但台達依舊不離不棄，堅守承諾將它完成。

台灣光復後，第一中學講堂被拿來當禮堂使用，開學或畢業典禮若遇雨天，活動就會在禮堂裡舉辦；鄭崇華的畢業考就是在禮堂裡舉行。幾十年過去，隨著新的體育館落成，學生使用禮堂的頻率開始下降，屋

況也愈來愈不好。後來改由校友會進駐，並將禮堂重新規劃為「校史館」，屋頂也改鋪紅色的鐵皮屋頂以避免漏水，室內又為隔熱加上輕鋼架天花板。最後整棟建築，就變成密不通風、充滿霉味，並得要靠大量空調才能降溫的老舊建築。

負責規劃的建築師潘冀回想，一開始進場探勘，校史館的屋頂呈現封閉狀態，重新清理時卻發現，裡頭含有大量的「芬克式桁架」（Fink truss），不僅完整呈現日據時期在金屬桁架構造上的變遷風貌，立面開口的方拱窗及菱形窗飾，更記錄了當時的營造技術風格。「我很意外，也很佩服。怎麼七、八十年前的結構

設計，就可以做到那麼輕巧？」他讚嘆。

從結構來看，校史館是長30公尺、寬20公尺、高6公尺的大跨距長方型建物，整個主體空間沒有一根柱子，非常通透。為增加通風效率，四面不但開了46樘木門窗，上方還有幾扇通氣窗，表示光線及通風在當時已是設計重點。

當時負責校史館修復工程的台中一中退休教師王昭富觀察，前身為禮堂的校史館，當初就預留大量門窗便利屋內通風，屋頂也有散熱功能，幫助降低室內溫度。他感慨，「或許是為了防小偷吧！現代的房子經常門窗緊閉，讓人們愈來愈習慣開空調，」結果反而不斷提高建築能耗。儘管啓用將近八十年，校史館卻一路安然度過多年來的頻繁地震，抗震能力可見一斑。若非歲月斑駁導致外觀老舊，加上屋頂發生漏水問題，校方也不會構思修復。

為保存歷史建築的文化特質，並活用原有的綠建築設計概念，建築師與營造廠決定採取「復舊如舊」的修復方法。因為一旦歷史建築變得太新，甚至是改了絕大部分的樣貌，反而失去修復的意義。

一層樓變二層樓 化身多功能空間

建築團隊在設計階段做了非破壞性調查，了解多年來進行過的多次改修過程，及原先使用的材質與結構特性；這在國內古蹟修復是史無前例的創舉，卻也一

歷時四年才修復完工的台中一中校史館，寫下台灣首座經計算並公布「碳足跡」的歷史建築紀錄。

再增加施工的複雜度與所需時間。

如今，完工後的校史館，除了將原始建築修復及保存構造，更將原先只有一個樓層的空間，巧妙設計爲二個樓層，成爲校史資料展覽及社團活動中心等多功能空間。此外，屋頂建材改用耐久且低維護的鈦鋅板，板下加一層隔熱岩棉，減少太陽熱量傳入室內；中間頂端的一排天窗裝有反射板，減少太陽直射，加強建物的自然採光與空氣流通效果，減少不必要的照明與空調用電。

現在，台中一中的學生們走進校史館，很容易就能體驗什麼是「浮力通風」原理，而且白天幾乎不用開燈，更能一眼望盡當年的屋頂桁架之美。

綠建築微電影，精華現播

新教學溫室與校史館一起重生

座西朝東的校史館，西側有片「樟園」，東南側栽種了灌木，這些植被有助於調節周遭環境的「微氣候」，透過冷卻夏季的南風氣流，降低室內溫度。

園內有創校先賢之一的林獻堂手植的兩株樟樹及一座溫室，植物種類曾超過兩百種，是全校生物多樣性最高的區域。

可惜，緊臨校史館的教學溫室，原本以校史館西側牆面做為溫室牆體的一部分，並於上方增設水塔，造成歷史建築風貌價值的折損。因

重新出發的「容光華園」，是台中一中校內生物多樣性最高的區域。

此當台達啟動校史館的修復再利用計畫，便在鄭崇華的挹注經費下，經校方的同意與選址，決定將溫室遷移並重建於學校的科學館旁，讓學生能繼續在此進行生物育種與研究課程。

2014年底落成的新教學溫室，同樣採取綠建築手法，室內面積約30坪的玻璃建物，四面採光，非常明亮，按照校方教學需求，規劃為室內與戶外植物區，外側則設有生態池。

挑高的屋頂，可依照天氣狀況打開天窗，兩側牆面選用透氣百葉，即使夜間無人留守，溫室內的植物也能順利呼吸。

Chapter 2

商辦、廠房
統統綠起來

回應創辦人鄭崇華要把集團旗下所有廠房都蓋成綠建築的要求，過去十多年間，台達已在全球各地陸續打造多棟綠建築，足跡遍及台灣、中國大陸、印度，甚至遠在太平洋彼岸的美國，實踐「自己的綠建築自己蓋」的承諾。

　　這些綠建築的型態包羅萬象，有從零開始打造的全新廠房，也有啟用多年再改造的舊廠辦，連單純辦公和開會用的總部大樓，台達也沒放過，而且建築橫跨熱帶及溫帶等不同氣候區域。

　　經過十幾年的經驗累積，台達綠建築的設計手法與減碳效益愈來愈進步，旗下綠廠辦的節能績效，一路從30%、50%、70%逐步攀升，逼近「淨零耗能」（Net Zero），甚至進一步達到「正能量建築」（能源的產出量多於消耗量）境界。

　　回顧台達節能廠辦的綠築跡，就從台南廠見證起。

01

「被動式」節能始祖
台達台南廠一期

台灣綠色廠辦的啓蒙地，就在豔陽高照的南台灣，位在台南科學園區的鑽石級綠建築──台達台南廠。

回顧台灣近年颳起的綠建築風潮，台達台南廠可說占有重要的歷史地位。

2006年，它是第一座全數通過內政部EEWH評估系統九大指標的綠建築，不久成為首座獲得「黃金級」綠建築標章的廠辦。透過啓用後的持續改善，加上陸續更新節能系統，2009年，台南廠更升格為「鑽石級」綠建築。

「被動式」的節能設計

可是遙想十多年前，綠建築既非顯學，國內也沒有那麼多節能設備和專家，但在林憲德教授與建築團隊的規劃下，台達台南廠大量運用「被動式」的節能設計思維，如錯落有致、充滿稜角的露台和陽台，創造大量的遮陽與陰影，減少陽光直射的熱量。

當時在設計欄杆時，廠務有的建議直的，有的建議橫的，鄭崇華建議用斜45度角的方式呈現。建築落成後，從遠處看台南一廠的欄杆組合，竟如同綠建築抽芽萌發般有趣。

門口那座大型金屬折板，則是台達台南廠最搶眼的外形特色，更提供了遮風避雨的玄關空間。鄭崇華回憶，「林憲德當初在設計遮陽結構時，用幾張紙就將遮陽結構折了出來，立在桌面上，看起來很漂亮。當

台達台南廠

完工年份	2006年
設計	林憲德
基地面積	1萬9,108.99平方米（一廠、二廠合併計算）
樓地板面積	2萬1,159.40平方米
節能效益	最高達38%（相較傳統辦公大樓）
相關認證	台灣EEWH鑽石級綠建築 首座通過EEWH評估系統九大指標之綠建築廠辦

然因為他是建築師,所以紙怎麼折都好看。」

綠建築設計典範 引領風潮

　　另一項不能不提的設計特色,就是刻意把電梯「藏」起來。

　　多數現代辦公大樓,通常一進門就看到電梯,使人不自覺地跟著排隊等電梯,但走進僅有四層樓的台達台南廠,整個大廳空間最搶眼的立體裝置,是位於左側、色彩鮮明的「友善樓梯」,電梯反而藏在不起眼的後方隱蔽處,藉此鼓勵員工多走樓梯。

　　地下停車場也一改傳統刻板面貌。以往位於大樓底下的停車空間,總是幽暗不明、潮濕悶熱。對此,台達台南廠在建物四周設置了天井,強化地下停車場的採光與通風,一方面減少照明設備的耗電,也讓車輛廢氣可以迅速逸散,維持良好的空氣品質。

1　造形搶眼的友善樓梯,鼓勵員工徒步上下樓減少耗電。

2　地下停車場透過天井引入外部光線,大為減少陰暗潮濕的不適感。

3、4　加強對流的氣窗及採光天井,一方面減少照明用電,也有助維持良好空氣品質。

1　猶如熱帶度假飯店的台達台南
　　廠，如今成為南科園區的著名
　　地標。

2　廠外的生態池綠帶，提供許多
　　小型生物做為棲息地。

3　廠房門口那棵大病初癒的老
　　樹，象徵台南廠旺盛的生物多
　　樣性及自然活力。

如何節省水資源也是重點。台達台南廠屋頂、露台與地下停車場，都有截取雨水的溝槽空間，回收雨水至地下400立方公尺的儲水槽，經簡單過濾，做為澆灌與浴廁用水，遇到真正缺水時，加以淨化即能成為緊急水源；同時戶外採用透水鋪面，可貯留雨水涵養地下水源。

運用內凹遮陽、友善樓梯、加強自然採光和通風、雨水回收等被動式設計概念，比起一般科技廠房，台達台南廠節省最高38%的能源與50%水資源，打破許多人以為綠建築等於太陽能板或風力發電機等酷炫科技的迷思，邁出綠建築成功第一步。

台南廠啟用後第一年，超過兩千名的專家學者蒞臨參訪，觀摩這棟樸實的綠色奇蹟，引領科學園區採用綠建築設計概念的風潮。

度假飯店氛圍擄獲員工心

多年來，外界都恭維台達台南廠像是南科內的度假飯店。的確，從錯落有致的陽台、明亮大廳，到周圍環繞的植被綠帶，這裡的確很有熱帶飯店的風味，讓員工的工作心情格外放鬆。

遷入新廠一年後，人資部門曾對員工做過各項滿意度調查，結果在「環境滿意度」面向拿到95分，往後的滿意度調查，台南廠幾乎年年居高不下。這種由綠建築引發的無形成效，讓創辦人鄭崇華十分開心，直

被動式、主動式
大不同？

常聽到的綠建築設計概念可分為兩種，一是「被動式」，二為「主動式」。

被動式概念強調建築前期設計時，就預先考慮氣候與自然元素，透過空間規劃手法，加強採光、通風、隔熱、保暖等效果。如尋找最適當的建築座向、門窗位置及使用材料，創造「冬暖夏涼」的生活空間，減少建築在往後數十年生命週期的能源支出與維護成本。

主動式設計是指採用節能科技或綠能設備，如裝設再生能源發電系統，增加額外的電力來源，或改用LED省電燈泡、變頻空調，搭配智慧軟體，提高建築的能源使用效率。屋頂常見的太陽能光電系統，或最近風行的能源管理及分析系統，都是主動式的節能設計。

綠建築不一定都是造價昂貴的豪宅，或購買價格不菲的科技設備，只要善用被動式設計手法，讓自然風取代空調、陽光取代燈泡、用回收雨水減少耗水量，降低耗能與碳足跡；若再加上主動式節能的做法，更可替建築生產更多綠色能源，減少無謂的能源耗損。

說是「花錢也買不到的」！

　　事實上，綠建築不只講究節能減碳等硬指標數據，也要求對使用者提供健康、舒適的生活環境。舉例來說，台達台南廠的大廳總給人一種明亮舒適感，因為樓頂的四方形天窗不但能引進自然光線，還利用浮力通風效應將室內熱氣排出，同時引進外部溫度較低的涼風，打造清新宜人的工作環境。

　　由於是集團的第一棟綠建築，台達在規劃初期，就設法讓員工了解綠建築的意義與節能效果，希望大家在親身使用與體驗過後，都能變成推廣大使。隨著參訪的人潮增加，為因應龐大的解說和導覽需求，爾後台達開始訓練員工擔任志工時，台南廠即是第一個試辦地。

綠建築微電影，精華現播

02

陸地上的白色郵輪
台達台南廠二期

順著台達台南廠往右走，就來到2012年啓用、以廊道相連的台達台南廠二期廠區。時隔七年，這棟綠建築邀請了另一位知名建築師潘冀操刀，不但延續了原有的環保理念，更展現出不同的設計思維。

從外觀看，台南廠二期彷如一艘現代感十足的白色郵輪。跟台南廠一期異曲同工之處包括：大量導入自然光，以降低人工照明、透過立體綠化創造豐富生態、地下停車場不但延續採光天井，還增加了蓄水及滯洪池功能。

此外，台南廠二期也導入更多樣化的綠建築設計方式。來到兩座廠區比鄰的通連走道，抬頭一看，即可一窺兩者設計窗戶遮陽空間的巧妙不同。

諸如使用雙層中空的節能玻璃，讓外氣先在地道預冷之後，再進入空調箱；升降設備採用永磁同步電梯，可以將回收電力及屋頂太陽能光電系統的發電併入市電，協調整個廠區的用電狀況，都是台南廠二期的新嘗試。

台達台南廠二期	
完工年份	2012年
設計	潘冀聯合建築師事務所
基地面積	1萬9,108.99平方米（一廠、二廠合併計算）
樓地板面積	2萬7,194.59平方米
節能效益	最高達61％（相較傳統辦公大樓）
相關認證	台灣EEWH鑽石級綠建築

會議廳底座挑高引入涼風

而這裡最具代表性的設計，要屬船頭位置的半圓形會議廳。你相信嗎？地處高溫火熱的南台灣，這個偌大空間除了夏季之外，竟然可以不開空調。

原來，建築團隊刻意把會議廳的底座挑高，並打開多個通風口，讓它直接相連外頭的大面積生態水池，

引入清涼外氣，再將導風系統均勻分散在可容納兩百
人的階梯教室座位底下，透過浮力通風原理，達到會
議廳內的氣流循環。

　而且，會議廳頂層即是二樓的戶外陽台，平常是員
工們體驗種植樂趣的開心農場，更成了底下會議廳的

1　二樓的戶外花園，同時也是幫底下會議廳降溫的綠屋頂。

2、3　將會議廳底座挑高打造的通風孔，是營造室內通風效果的關鍵設計。

4　引入清涼外氣替室內降溫的碗型會議廳，減少夏季之外的空調耗能。

屋頂花園，進一步降低室內熱度。

兩顆比鄰而居的「綠鑽石」

建築師潘冀不諱言，要在名氣響亮的台達台南廠旁打造新的綠建築，並非簡單任務。不過落成後，台南廠二期同樣獲得內政部EEWH綠建築的鑽石級認證，整棟設計大器，線條優雅，與一期相互媲美，讓台達在南科一次擁有兩顆比鄰而居的「綠鑽石」，以及觀摩朝聖的綠建築地標。

綠建築微電影，精華現播

台達台南廠三期

從台南廠一期徒步穿越環東路二段，來到一片充斥地基、砂石的工地，這裡正在興建台達於南科園區的第三個廠房。

近幾年，由於業務拓展及員工人數激增，讓原本兩個廠區的空間使用趨於飽和，公司決定在周圍另建一棟綠色辦公大樓。

初看這棟建物的設計圖，整座辦公大樓直向西方，盛夏之際將面臨嚴重的西曬。為了避免陽光直射，建築師將建物外遮陽的深度設計至75公分之多，同時搭配複層低輻射（Low-E）玻璃，阻隔熱量。

建築的周圍也承襲舊廠區旁熱帶森林的特色，綠化面積預計高達4,800平方公尺，將帶來可觀的減碳效益和降溫效果。

針對屋頂隔熱，建築團隊也做了準備。新廠區的屋頂不僅將採用高反射性漆料及白磚，還會鋪設太陽能板，以緩和頂部高溫壓力，同時又能夠種電產能。

此外，為鼓勵員工低碳通勤，新廠區的停車規劃藍圖裡甚至有充電樁設施、綠色車輛優先車位、共乘／併車優先車位標示等，希望能吸引大家開電動車上下班，或多多實踐共乘。

03

小而巧的智慧實驗室
中壢研發大樓

台灣早期的工業區，不是灰暗色調的簡陋鐵皮屋，就是高聳林立的煙囪，多半給人廠區交雜、車流紊亂的刻板印象。成立快半世紀的桃園中壢工業區，就是上述這種典型的舊式工業區。

但你可能很難想像，就在這些老舊建築、偶爾還散發出化學氣味的工廠群裡，竟藏著一棟智慧辦公大樓，雖僅僅四層樓，卻彷彿一個實驗展示中心，原汁原味重現台達樓宇自動化的最新技術。這棟建築就是台達的中壢研發大樓，2018年甫落成，並獲得美國LEED黃金級的綠建築標章。

省電就靠智慧調光調溫

走進小而精巧的研發大樓，最引人注意的特點是，抬頭望穿整層樓不見任何一支燈管，取而代之的是一片片的LED平板燈，相間於輕鋼架天花板之中。

採用這類型的照明，對廠區而言是一種節能的新嘗試，因為相較於傳統LED燈管，平板燈比較能夠進行調光，甚至具有較低的眩光指數，皆有助於改善建築在照明上的能源消耗及舒適度。

當然，調光這一招不僅僅只出現在辦公空間而已，會議室裡也埋了類似的巧思，每間室內牆上掛的觸控面板，讓人可以隨著會議需求，變更自己需要的燈光模式。

天花板上特別的感應器裝置，甚至可用來偵測人

台達中壢研發大樓

完工年份	2018年
設計	吳瑞榮建築師事務所
基地面積	1,996平方米
樓地板面積	9,455.74平方米
節能效益	最高達45%
相關認證	美國LEED黃金級綠建築

採用LED平板燈，讓室內辦公空間亮度更均勻、舒適。

的「溫度」，做開關燈控制。當人在會議室裡靜止不
動時，燈不會自動熄滅，只有當人都離開了，室內再
也感測不到體溫時，才會全部漸暗下來。

　　另外，為了平衡室內舒適感，員工可以透過個人裝
置，把想要調整的冷氣溫度反映至雲端系統上，而
台達研發出的「UNO」室內環境品質服務方案，可

UNO室內環境品質感控器連結空調、換氣設備，透過智能連動有效控制室內溫度、濕度及空氣品質。

台達中壢五廠

與中壢研發大樓僅幾步之遙，有一大片施工範圍，正在興建一棟辦公大樓、一棟工廠、一棟宿舍，以廊道接連其間。這裡是台達的中壢五廠，未來將容納兩千多名員工。

初步端詳這幾棟建築的方位，先天上「坐北朝南」和「坐南朝北」的地理特色，讓建築的正反兩面免受西曬之苦。

但為避免太陽的直射，加劇大片玻璃帷幕下的「溫室效應」，建築師將外部水平遮陽設計至35公分之深，並搭配隔熱效果佳的低輻射玻璃。而在陽光西曬之側，則由乾掛工法施作的天然石材和白磁磚，來阻避輻射穿透建築的熱效應。

另外，為有效監測、管理能耗，在規劃這幾棟綠建築時，團隊已經將用電類別細分至七、八項，甚至要求施工單位，在室內所有馬桶沖廁、清潔器具和雨水回收澆灌系統上，分別安裝水表，務求最精準的即時用電、用水數字，整合在台達能源在線（Delta Energy Online）系統上。

有了這些分析數據，未來精進建築改造時，就能找出最佳的節能潛力點。

以自動偵測室內實際的溫濕度、空氣品質，再彙整使用者的意見，做大數據分析，為建築調配出最舒適的溫度。

環顧研發大樓周圍，各處皆有較高的建物矗立在側，於豔陽高照之際，為建物擋下不少陽光，讓研發大樓本身只要做好這些智慧的主動式設計，就可以達到突出的節能表現。

台達台中一廠

台中大肚山坡地上，林立一家又一家扛起台灣經濟命脈的電子科技業。原本，台達在台中地區的研發及業務團隊四散於各辦公大樓裡，近期因為工業自動化事業群起飛，台達決定在園區裡也落成一棟自己專屬的辦公大樓。

但是，這棟樓的建造基地有一些先天上需克服的不利條件，像是從西側來的強烈下降風勢，以及坡面土地所造成的東西向高低差。為了維持建築舒適度和美感，建築師特別將大門開口設計面向東方，

以建物背面去擋風，降低大樓所承受的「風害」。同時又順勢山坡地形，做立體化廠辦設計，極大化土地和空間使用，並以建築本身處理高低落差，便無需耗費更多資源再做一道擋土牆，既省錢又省材料。

面對陽光熱威脅，建築面西、面南側的建材使用白石材、複層低輻射玻璃、白色磁磚等來做包覆，以降低熱傳導及熱輻射。

建造過程中，施工單位也盡量避免使用原材料，預計使用回收成分占全部建材比例達25%，建置廢棄物的回收比也將超過75%。

04

譜寫工業區另一新頁
台達桃園研發中心

離開中壢工業區，沿著台一線縱貫公路驅車來到桃園火車站附近的龜山工業區，這裡和中壢工業區一樣歷史悠久，還因地勢過低而鬧過水患。

2009年台達著手規劃桃園三廠暨研發中心（簡稱台達桃三廠）時，就決定按照美國LEED標章的高標準，企圖打造全龜山工業區最節能、舒適的綠建築。2011年底落成時，便締造節能53%、節水75%、營建廢棄物回收率95%的亮眼績效，隔年同時獲得內政部EEWH黃金級與美國LEED黃金級的綠建築標章，成為龜山工業區的綠色焦點。

搭電梯也能節能

為加強停車場的自然採光與通風效果，台達桃三廠直接把停車空間集中，建成一座比鄰廠區的停車塔，跟大樓二、四、六樓之間，有三座空橋通連，方便員工走空橋上下班。同時，為鼓勵大家多使用環保交通方式，台達桃三廠提供了腳踏車停放區、共乘車位及電動車專用車位，一旁還有男女分隔的淋浴間，讓單車族能在上班前擺脫汗流浹背的不快。

為進一步降低停車場照明使用量，同仁還提案，在電梯出口旁設置一個按壓鈕，能讓整個樓層的照明短暫啟動五分鐘，便利夜間下班的同仁取車回家，也確保照明系統只在有需求時開啟。

桃三廠的綠色電梯，甚至是可以幫助節能減碳的法

台達桃園研發中心

完工年份	2011年
設計	吳瑞榮建築師事務所
基地面積	1萬2,231平方米
樓地板面積	2萬2,870.25平方米
節能效益	最高達53%（相較傳統辦公大樓）
相關認證	台灣EEWH黃金級綠建築 美國LEED黃金級綠建築

寶！四座客用電梯，四周都是大面積落地窗，可一眼望盡綠意盎然的中庭，電梯行走通道從下到上完全透明，從外可對電梯內部機構及運轉狀況一目了然。

除了運用自然光節省照明，這些電梯還配有「能源回生系統」，每部都安裝電力回生單元，搭配永磁同步馬達把回收電力再投入大樓用電，整體節能效率超過40%，尤其在電梯下行時，負載重量愈大，回生的電力愈多。久而久之，同仁們都養成默契，會在下樓時盡量把電梯「塞滿」，幫廠區賺取更多回生電力。

很多人常以昂貴為由，拒絕裝設節能設備，但台達桃三廠四部客梯的電力回收裝置，一共只花了18萬元，按照全廠約七百名員工的使用量，不到四年便可回收成本。事實上，廠區另一部加裝能源回生系統的貨梯，由於載重量更大，短短兩年即可回收。

看不見的綠色科技

由於擔綱整個集團工業自動化研發重任，桃三廠還有個特別角色——扮演名副其實的節能科技展示中心，向訪客們解釋何謂「智慧綠建築」。

一般人參觀綠建築時，多半只看簡單易懂的顯眼設計，如屋頂上的花園、亮晶晶的太陽能板或獨樹一格的建築構造。不過，桃三廠卻在很多角落裡，暗藏了「看不見」的綠色科技，透過一系列智慧軟體與自動化科技，將節水節能的功效發揮到極致。

1　裝設能源回生系統的電梯，破除節能非得強迫員工爬樓梯的迷思。

2　桃三廠將停車空間集中為一座停車塔，除了大量採光與通風設計，更裝設充電樁，鼓勵綠色通勤。

從LED照明、暖通空調（HVAC）、節能電梯，到屋頂上的太陽能光電系統、停車場的電動車充電椿，這裡看得到的各式節能設備皆出自台達之手。然而，看不見的智慧管理系統，才是這棟綠建築的最大賣點。

透過自動化系統，桃三廠所有耗能資料和即時數據，都完整蒐集並顯示在觸控式的人機介面上。一方面透過感測器偵測外在環境，系統分析廠內環境變化與工作動態，進行燈光、空調、製冰、進出風等能源設備的控制，提供員工最舒適的辦公環境。

另一方面，還能按照不同的氣候與環境條件，將大樓的能源配置調整到最佳狀態。比方說，系統會利用夜間的低價離峰電力，進行空調系統的儲冰動作，藉此省下可觀電費。

不只如此，這套系統還能連結遠方生產基地的即時資訊，方便管理者無論何時何地，都可即時掌握公司動態。

走進台達桃三廠的展示間，透過中控台馬上可一覽中國吳江廠生產線，了解插件、噴霧、焊錫、組裝、測試等不同製程的即時狀況，一旦出現異常，系統便會發出警示，中止不良品流入後續製程。

可別以為這是一套預先錄好、做做樣子的門面裝飾而已。有次台達營運長張訓海帶客戶參觀，電子螢幕上的吳江廠生產線突然出現警示訊號，鏡頭停在發生狀況的區域，此時張訓海馬上透過電話連線，讓客戶

現場目睹了一場真人實境的異狀排除演出。這家已經評估半年多的大廠客戶，最後便決定採用台達的自動化系統解決方案。

「地道風」維持空氣品質

看不見的綠色創意，除了高科技打造的智慧軟體和整合系統，還有一條看不見的地道設計。

在既沒空調也沒冰箱的古代，人們就知道利用地底下的低溫空氣保存食物。桃三廠就活用了「地窖原理」，在地下室一樓打造一條峰迴路轉的通風地道，引入外面的新鮮空氣，加上利用挑高空間形成「空氣浮力塔」，一方面透過高效率的空氣對流降低空調使用率，二來有助維持室內空氣品質。

鄭崇華說，當時是營建處總經理陳天賜想到利用地

「能源回生系統」 怎麼運作？

電梯「能源回生系統」的運作原理是，利用電源回生單元，將電梯在剎車、滿載下降、空載上升時，馬達轉動產生的回生電能，利用變頻器整流，併回大樓電力系統，達到節能、省成本、環保的目標。

很多人不曉得，透過這種能量回收方式，還能避免傳統電阻將能量消散為熱能，反而造成電梯機房過熱的現象。

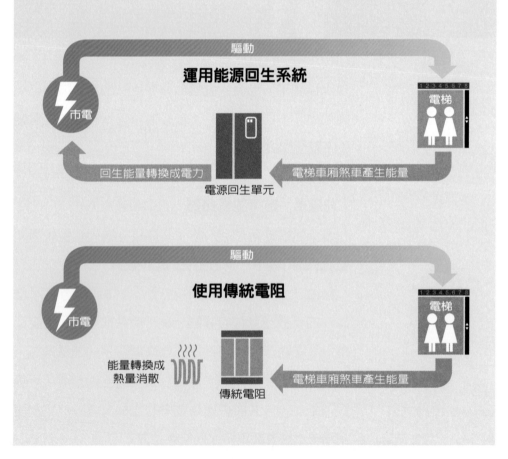

協助引入新鮮外氣的地道通風口
（箭頭處）。

綠建築微電影，精華現播

道風的方式，讓冷氣空調的外氣進氣口先透過地道預
冷，減少空調系統的負荷並提升能效。鄭崇華回憶起
小時候住過的外公家老宅也有地下通風口，從好遠就
能把樹蔭下的涼風引進屋裡，與現在綠建築的概念竟
也相通。

　　桃三廠不僅是台達表現自家節能科技實力的展示
間，更證明推動節能與發展事業大可齊頭並進。其整
體建造成本，只稍高於傳統同等級建築，但每年估算
節省逾500萬電費，每年減少3,000公噸耗水量，而附
加的業務助益與無形的品牌價值，更是不在話下。

05

孕育未來綠色能量
台達桃園五廠

　　距台達桃三廠不到五分鐘車程，還有另一棟同樣隱身龜山工業區的最新綠建築──台達桃園五廠，這裡也是台達孕育未來綠能科技的搖籃。

　　2016年初揭幕的台達桃五廠，最大特色是有著亮眼橘色系的隔柵式遮陽結構，以及外圍的大面積綠地廣場，這些植栽不但有助降低熱島效應，也帶來豐富的生態美感，降低整個廠區的陽剛氣息。

　　延續桃三廠的設計，這裡也提供了許多環保車的專用車位，還有給單車族的淋浴間，降低同仁們的通勤排碳量。

預先儲電可供調度

　　桃五廠負責的任務，是研發新世代鋰電池和儲能系統，隨著近年分散式電力系統逐漸蔚為風潮，衍生出

台達桃園五廠

完工年份	2015年
設計	吳瑞榮建築師事務所
基地面積	2萬4,774平方米
樓地板面積	4萬8,185.79平方米
節能效益	19%（設計值）
相關認證	台灣EEWH黃金級綠建築 美國LEED黃金級綠建築

的相關電池需求，極可能成為一股龐大商機，使桃五廠的未來發展備受關注。

比方，門外不遠處擺放的兩個白色貨櫃，正是台達生產的貨櫃型儲能設備，可做為電廠的備用能源與調度設施。

為提供同仁們最舒適的工作環境，桃五廠採用調溫引氣技術，將變頻器建置在冷卻水塔、冰水主機、外氣空調器及辦公室空調箱，搭配溫濕度感測器，適時適量引入外氣，一方面維持室內空氣品質，二來也不需長時間運轉空調。

此外，室內還使用低逸散性的環保塗料，並採用氣密性二等級以上的隔音窗，希望提供最舒適的工作環境，激發研發同仁們的靈感與思路。

走訪完位於龜山工業區的兩棟台達綠建築，不難窺見，未來綠建築的運作智慧與能源管理情境，應該就是這般樣貌。

以後的綠建築不但要節能、會發電，還必須聰明地自我管理、調度，達到自給自足。

1 負責研發鋰電池與儲能設備的桃五廠，是台達未來的發展重點。
2 戶外的白色儲能貨櫃可應用於電廠能源調度。

綠建築微電影，精華現播

06

舊大樓變臉重生
總部瑞光大樓

從無到有的全新建案，可完美實踐環保節能概念，然而若是使用已有一段時間的既有廠辦，或行之有年的老舊辦公大樓，又該如何增添綠意呢？

1999年啟用的台達瑞光大樓不但是台達全球總部，更是挑戰舊建物也能改頭換面變身綠建築的大膽嘗試，證明節能減碳不是分公司或基層員工才要奉行的原則，在總部上班的老闆跟主管們也要身體力行。

經過一系列改造與調整，瑞光大樓終於在2014年拿到內政部EEWH鑽石級標章，成為全台第一棟由舊建築改造的中樓層（6～15樓）綠建築！

重新整合機電系統

過去，瑞光大樓屋頂上的5峰瓩（kWp）太陽能光電系統，曾是內湖科學園區率先設立的再生能源設施之一，多年來累積許多環保獎章與績優辦公室獎項。

但在建物結構無法大幅更動的狀況下，這次改造重點在於進一步提升能源使用效率與整合機電系統，透過能源管理系統找出以往忽略的節能機會點。

譬如，過去暖通空調系統（heating, ventilation and air conditioning）占整棟大樓近40%耗電量，照明系統又另占了18.5%，診斷團隊即針對這些耗能重點一一改善，從冷卻水泵、冰水泵、水塔風扇到空調箱，都裝設了變頻控制系統，讓設備只在有需要時啟動，減少無謂耗能，並融合台達開發的可程式控制器（PLC）與人

台達總部瑞光大樓

完工年份	1999年
設計	丁建民建築師事務所
基地面積	5,987平方米
樓地板面積	2萬8,989.48平方米
節能效益	最高達58%（相較傳統辦公大樓）
相關認證	台灣EEWH既有建築鑽石級綠建築 美國LEED既有建築白金級綠建築

機介面（HMI），創造出1／4的節能效果。

　　另外，LED照明系統以照度計測量照度，調整燈具數量，配合紅外線感應系統、改採分區控制、確實落實關燈要求等，貢獻了超過七成的節能績效。此外，往

後各樓層的用電資料都獨立呈現，並定期統計各部門用電資料，提醒員工注意能源使用狀況。

大廳中央也設計了顯眼的友善樓梯，導引訪客前往二樓會議室及產品展示空間，大量的業務拜訪與外賓交流都能在此完成，減少電梯搭乘與等待時間。

台達永續長暨發言人周志宏分析，除了每日同仁在此上班，瑞光大樓另一個主要的功能就是接待來自世界各地的訪客，他們在展示間與大樓裡看到各種節能運用，也等於傳達了企業文化與環保理念。在無形中讓使用者了解環保概念與節能技術，正是一系列綠建築發揮的社會教育功能。

隨時偵測空氣品質

每天，有超過七百位同仁在台達瑞光大樓內努力工作、激盪創新，所以，如何讓這裡維持最佳的環境品質，便是這棟綠建築當初最重要的考量點之一。

無論台灣EEWH及美國LEED等綠建築審核標準，都有將「室內空氣品質」列入評分。為控制二氧化碳濃度，並減少辦公設備及裝潢材料散發的有害物質，台達導入空氣品質監測器，透過軟體運算空氣品質偵測結果，傳遞到空調控制系統，並在適當時機引進戶外空氣。在同仁們最常出入的場所，如電梯跟大廳，皆有大型螢幕顯示最新的空氣品質數據，並連結中央氣象局網站，告知即時的氣候變化。

1　瑞光大樓二樓展示間裡，還有台達運用LED打造的「植物工廠」。

2　瑞光大樓屋頂上的太陽能光電系統，曾是內湖科學園區第一套再生能源系統。

3　友善樓梯可引導訪客直接進入會議室，減少許多電梯耗能。

綠建築微電影，精華現播

07

節能創新的綠色機房
台北總部IT資料中心、
吳江綠色資料中心

除了一般辦公區域，瑞光大樓裡還有資料中心，也是消耗能源的大戶。因此，除了拚建築「綠化」外，台達還訂下另一個新目標，要把資料中心改造成生態友善（Eco-Friendly）的「綠色機房」。

可是，時下一般資料中心的能源使用效率PUE值約都在2左右，台達卻逐步挑戰1.29，任務可謂艱鉅。

多管齊下維持高效能

對此，台達節能團隊從空調系統、電源、機櫃、環境管理系統四大方面入手。

首先，機房導入台達InfraSuite資料中心解決方案，強化冷／熱通道封閉設計，如此能有效避免冷熱空氣混合，大幅提升冷卻效率。

同時，團隊採用貼近熱源的風冷型機櫃式精密空調，並搭配新風節能的解決方案，於冬季時利用新風機引室外低溫入內，進行自然冷卻，就可以移除熱點、避免資訊技術（IT）設備過熱導致當機。

在供電解決上，團隊特別選用台達模組化的不斷電系統（UPS），交流電之間的轉換效率高達96%，不僅特別節能，還具備了優異的電源保護及監控能力，未來也可以配合實際需求，在適當擴充下繼續維持高效能。

另外，考量到老舊資料中心裡，有超過30%的物理伺服器長期處於休眠中，因此在設計之初，團隊就盡可

資料中心與大型機房的節能表現，未來勢必遭遇更嚴厲的檢驗及要求。圖為台達綠色機房實景。

能減少物理伺服器的數量，以便降低這方面的能耗。
反之，則運用伺服器虛擬化來提高資源的利用率，並
且簡化整套系統管理，來促成資料中心的節電效果及
靈活性。

節能成效屢獲國際肯定

經過這多番努力，2018年台達吳江研發製造中
心率先打造出全球首座經美國綠建築協會LEED v4
ID+C（Interior Design and Construction，室內設計和施

機房節能PUE值
如何分級？

進入雲端運算時代，當你每次低頭滑一下手機，遠在千里之外、擺滿伺服器的電腦機房，就忙個不停。

依據美國能源部估算，資料中心的能耗情況，足足是相同面積辦公室的百倍以上！如何提升資料機房的能源使用效率，降低雲端時代帶來的耗能副作用，成為備受關注的議題。

評估資料中心與大型機房能源使用效率的指標為「PUE」（Power Usage Effectiveness），PUE值愈接近1，代表機房所需的照明、空調、風扇、冷卻等周邊電力愈少，能源使用效率愈佳。

為了替過熱的電腦降溫，空調系統即占資料中心近45%耗電量，因此打造「綠色機房」的關鍵，即在如何有效散熱與空調節能。

$$PUE = \frac{資料中心的總用電量}{IT設備的總用電量}$$

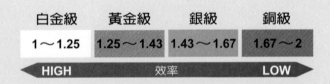

白金級	黃金級	銀級	銅級
1〜1.25	1.25〜1.43	1.43〜1.67	1.67〜2

HIGH　　　　　效率　　　　　LOW

工）「黃金級」認證的綠色資料中心，全年平均PUE值低於1.29。

　　隔年，再傳捷報，總部瑞光大樓的資料中心進一步獲得LEED v4 ID+C「白金級」認證，一樣創全球首例，整體節能效果高達40%。

　　掌握創新的技術能力，今後，台達打算將這些經驗複製到全球其他地方的機房，持續精進資料中心的節能之道。

綠建築微電影，精華現播

08

熱帶裡的白色電廠
泰達五廠

　　聯合國政府間氣候變化專門委員會（IPCC）報告曾
經指出，既有建築經過改造後，節能潛力將高達50%
～75%，台達總部瑞光大樓的蛻變，就實際印證了這
項論點。而有了這麼一個極為成功的翻修案例，台達
信心十足地鎖定下一個更新目標：比瑞光大樓還年長
九個年頭的泰達五廠。

　　從外觀來看，整座泰達五廠潔白中帶有藍色線條點
綴，原本是用來呼應台達品牌logo的顏色，卻意外幫助
建築減少表面吸熱，簡直就是「美麗的巧合」！

室內節能室外種電

　　跟台達大部分的辦公大樓一樣，泰達五廠也是採用
燈管式輕鋼架天花板，但是仔細抬頭一看，怎麼三條
式的空間裡，少了一根或兩根燈管？

泰達五廠

完工年份	1990年
設計	MASTER ELECTRIC CO. LTD.
基地面積	6萬6,000平方米
樓地板面積	6萬8,941平方米
節能效益	最高達23%（相較同型態建築）
相關認證	美國LEED黃金級綠建築

1　泰達廠的展示間陳列許多台達
　　高能效產品，而建築本身也是
　　一座節能實驗室。

2　廠區樓梯間擺放許多「環保、
　　節能、愛地球」畫作，讓人步
　　行途經時想多駐留片刻。

原來這是其中一個節能小祕訣。一向以來，照明是建築裡名列前茅的吃電怪獸，為了減少用電消耗，廠區進行了評估，發現使用兩根燈管的照度及亮度皆足以讓同仁辦公；甚至，在走廊的區域、沒有辦公桌的地方，一根燈管也足矣。凡靠窗的空間裡，則都裝置感應器，當晚上沒有人的時候會自動熄燈，讓依建築周圍棲身的夜行動物能出來活動。如此一實行，至少幫這棟老建物節省了30%的電力。

從空中俯瞰，廠區還善用了每一寸空間來裝置太陽能板。偌大的屋頂、平面停車場，甚至是左右兩間小小的咖啡廳上，都在種電的範圍內，總計安裝容量超過3200峰瓩（kWp）。在泰國這麼一個熱帶陽光普照的地方，一年上看可產能300萬度電，非常可觀。而這些改造和裝置，也讓泰達五廠在2017年時，一舉摘下LEED黃金級綠建築認證，成功脫胎換骨。

全廠禁用塑膠寶特瓶

當然，在這棟建築裡還有一個不得不提的環保政策，亦即廠區從2017年開始，「全面」禁用塑膠寶特瓶！就連合作社的櫥窗、販賣機裡，都不提供塑膠瓶裝飲料。這在減塑路迢迢的泰國是一件大事，起初還遭受工會聯合起來大力反彈。所幸經過長時間的溝通協調，慢慢培養出員工的環境意識，才讓這番實踐能夠貫徹至今。

09

建築體質全方位健檢
台達EMEA總部大樓

從總部瑞光大樓及泰達五廠的改造經驗不難得知，要替老建築換上綠色新衣，比全新打造一棟綠建築還要困難，因為舊建築不僅設備較老舊，改造時還不能影響內部人員的上下班。

EMEA總部大樓外布滿各式各樣的快速及慢速充電樁，鼓勵員工、客戶多多使用電動車。

實施兩年節能改造計畫

位於荷蘭的台達EMEA總部大樓，在升級成為綠建築的路途中，一樣面臨這項棘手的挑戰。

原本，台達與其他公司共同承租一棟1983年即落成

的辦公大樓，但由於當時建築外殼並未做好有效隔熱／隔冷，這棟僅三層樓的建物，卻在荷蘭的能源系統裡被評上E級或F級，代表這棟樓相當吃電。

後來，因爲業務關係，台達希望能夠買下整棟大樓、再續建築下一個三十年的壽命，便開啓了長達兩年的節能改造計畫，在不影響同仁辦公的情況之下，分三階段逐層慢慢更新。

在地診斷下的除舊布新

但因爲建築已逾而立之年，進行改造實屬不易，台達便請在地工程顧問團隊，爲建物由內而外地做全面體質健檢，並將空調系統和照明設備並列爲頭號整治對象。

一開始，團隊引進熱交換器與空調系統相互對接，透過抽取室內空氣及引導外氣來控制風溫和風量，並裝置兩台熱泵系統來降低瓦斯用量。

照明部分則是採用智能燈光控制，另搭配台達自己的建築管理系統（BMS），做到全方位樓宇監控及智慧管理。

同時，這棟建築的屋頂鋪滿了太陽能板，並與電力調節系統（PCS）、儲能系統（約能提供48度電）互相結合，於上午用電尖峰時刻，合力貢獻「移峰塡谷」，讓舊大樓成了一種分散式能源，爲電網穩定運作盡一份力。

台達EMEA總部大樓	
完工年份	1983年
設計	IOB & Building Dreams
樓地板面積	2,779.5平方米
節能效益	最高達65%（相較荷蘭非住宅建築）
相關認證	BREEAM Very Good 等級

而身處電動車銷量大增的荷蘭，公司在大樓外設置慢速及快速充電站，一方面讓員工、客戶少了「里程焦慮」，一方面更兼顧了低碳形象。

2017年4月，台達EMEA總部獲得荷蘭綠色建築BREEAM認證，能源評比中甚至一躍至A級，節能率高達38%，再次驗證單靠一些主動式的綠色裝置，就能翻轉一棟耗能建築。

鑲嵌在牆壁上的螢幕讓室內溫度和照度一目了然，幫助員工隨時掌握舒適度。

斯洛伐克工廠

台達在歐非地區的業務耕耘長達數十餘載，2007年因應企業成長與布局，在斯洛伐克設立生產線，並建置工廠。這兩棟合一的大廠區，是台達電動車充電樁、通訊電源系統等多項產品的產房，外表看似與一般工廠沒什麼兩樣，卻內含一些節能養分。

首先是建築的結構，採取隔熱效果極好的建材，熱傳導係數（K值）僅0.198，於夏天時有效地阻隔熱能入內，冬天時則具有良好的保溫功能。另外，搭配熱能恢復再利用、電力能源回收再利用、LED照明等措施，廠區至少省下75%的用電量。

針對廢棄物處理，廠務也做足了準備，除了用心將垃圾分門別類，也持續做內部宣導，造就高達91%的回收率。

而屋頂上和周圍的太陽能板加一加，一年帶來10萬度電、近3萬公噸的減碳效益，對於以生產線為主的工廠來說，不無小補。

10

散播綠色種子
台達上海運營中心

多年來，努力在台灣推廣綠建築的台達，一直思考如何跨越海峽，將這把綠色種子撒向對岸。

2013年獲得美國LEED綠建築黃金級認證的台達上海運營中心暨研發大樓，即是台達在中國大陸打造智慧綠建築的灘頭堡。

能源管理讓環境更舒適

興建過程中，上海運營中心暨研發大樓便大量運用綠建築工法，如結合基地保水設計及生物多樣化概念，在周遭打造許多綠色植栽及生態棲地，室內則採用多種台達自行開發的節能產品，如LED照明、太陽能光電系統、節能電梯、智慧空調等。

而為了鼓勵員工採用環保的交通方式，這裡還替新能源車及小排量汽車配備優先停車位，並且安裝了10套以上的電動車充電樁，提供能源轉換效率高達99.7%，一台13度（kWh）容量的電動車，約三小時內就可以充滿。

不僅如此，這棟綠建築還搭載最先進的能源管理系統，即時蒐集並監控各種能源使用狀況，如引進台達建築能源管理系統（Delta BEMS），設置電表、水表等計量系統，再透過台達智慧管理系統，監測辦公區及實驗區的溫濕度及二氧化碳濃度，讓工作環境有最佳的舒適度。

2015年，廠區持續挖掘這棟辦公大樓的節能潛力，

台達上海運營中心

完工年份	2011年
設計	中機中電設計研究院
基地面積	2萬6,776平方米
樓地板面積	5萬4,218.87平方米
節能效益	最高達39%（較上海公共建築）
相關認證	美國LEED白金級綠建築

先是利用自動化控制系統，讓照明全面在午休時間關閉45分鐘，甚至到了涼爽季節，空調風機也會跟著休息45分鐘。

再來，建物外幕牆的漏風處也被揪出來，封堵之後能降低空調能耗。

人為節能畫龍點睛

有時廠務人員也會根據長年累積的經驗，於夜間時刻適時打開外幕牆，引進夜晚的低溫，用自然通風為建築降溫，早晨上工時再關起來，避免熱氣入內。

這群歷經「節能」百戰的第一線同仁，還會綜合建築能源管理系統提供的客觀數據和自身主觀判斷，改變系統運用，對冰水主機出水溫度和辦公區空調箱電機頻率進行人工調整，讓這棟建築比同類型大樓少吃近40%的能源量，並在2017年升級獲得LEED既有建築白金級認證。

1 上海運營中心設有台達自產的充電樁，鼓勵員工搭乘節能車款。

2 廠區所有能源設備的使用狀況，都在能源管理系統上一覽無遺。

綠建築微電影，精華現播

11

綠種子開花結果
台達北京辦公大樓

1

有了上海研發中心扮演先鋒角色，不久後，座落於北京城中軸線核心位置的台達北京辦公大樓，也以節能22%的優異成績，獲得美國LEED綠建築認證的銀級標章，成為台達在中國大陸的第二座綠廠辦。

這棟大樓總共五層，除了擔任銷售、一般辦公角色外，還設有研發單位，是台達積極培育電力電子技術人才的重鎮。為了促進員工的健康及工作效率，辦公大樓特別採用低揮發性（VOC）的材料，如：環保型的油漆塗料、黏合劑、密封劑、地毯等，大部分都符合美國對揮發性有機化合物含量的管理規定。

台達北京辦公大樓

完工年份	2012年
樓地板面積	1萬6,408.57平方米
節能效益	最高達73%（相較北京辦公建築）
相關認證	美國LEED銀級綠建築

2

為降低「運輸碳足跡」，建物位置剛好距離多條公車、地鐵交通路線僅四百公尺，以便同仁及訪客綠色通勤，減少大家自駕時所帶來的汙染，而建築裡高達36.5%的建材也來自於當地八百公里以內的生產工廠。另外，還有超過75%以上的鋼筋、粉煤混凝土等建築廢料都被回收再利用，削減資源的浪費。

用綠色電力為環境盡心

在節電上，建物採用高效節能燈，使辦公區域照明功率密度僅8W/m^2（瓦／平方米），比同類型辦公樓的功率密度（約12W/m^2）還小許多。同時，台達也聘請專業的第三方單位，對空調、再生能源等系統進行優化調整，並採買多達170萬度的綠色電力，為環境永續發展盡一份心力。

另外，廠區也被大面積綠化植栽簇擁著，除了讓人心曠神怡，也降低了熱島效應。尤其是，廠務特地選用耐旱型及適應本地微氣候的植物，能不使用任何一滴來自當地市區的供水，便可以進行綠化灌溉。

綠建築微電影，精華現播

12

電廠和建築
擦出綠色火花
台達日本赤穗園區

隨著台達綠建築在各地遍地開花，這股潮流也傳至日本。但跟之前不同的是，這次台達鎖定打造的是一座綠色電廠管理中心，而非一般廠房或辦公大樓。

2016年，台達善用多年研發的再生能源及儲能解決方案，在日本兵庫縣赤穗市山區打造首座自營的大型太陽能發電廠，裝置容量高達4.6百萬瓦（MW），年發電逾550萬度，可供在地超過930家住戶一年用電所需。這座電廠在智慧微電網和儲能裝置（ESS）的靈活應用下，使供電不斷炊，在日照不穩定之際，仍可穩

日本赤穗節能園區是台達首座自營大型太陽能發電廠，充分展現台達各種節能及再生能源解決方案。

定輸出綠電至市電。

　　園區內的管理中心，除了肩負照看這座巨大電廠的任務之外，還打造了一個「以人為本」的節能辦公環境，可以根據同仁使用情境和外在氣候變化，自動對燈光和遮陽簾進行調控。其他有助於營造室內舒適度、提升能源效率的系統，還有室內空氣品質、智慧安防、電動車充電、智慧電表、家戶型儲能等，彼此互相連動，機靈地照顧人的需求。

賦予建築冷熱調節能力

　　此外，室內空調系統採用變頻式，並連接全熱交換器，必要時引外氣入內，為環境增添新鮮空氣。春秋之際當外面溫度舒適宜人，也會用自然冷卻（free cooling）的方式，透過建物開口添加涼意。

　　就管理中心的被動式設計來看，由於園區處於夏天炎熱、冬天降雪的氣候帶，亟需能有效隔熱保溫的建築外殼，因此團隊特別選用具有良好隔熱係數的雙層真空玻璃來包覆建築。除此之外，建物牆面內有玻璃棉塞填，形成一層保溫膜，賦予建築禦寒能力，再冷都不怕。

　　經過一連串的設計與裝置，2017年管理中心成功取得LEED CI（室內裝修改善）黃金級認證，並在能源項目奪得滿分。這是台達在日本的第一棟LEED認證綠建築，平均節能可達33%。

台達日本赤穗園區

完工年份	2017年
設計	千種建設株式會社
基地面積	197.35平方米
樓地板面積	197.35平方米
節能效益	平均節能38%（依相較綠建築申請文件）
相關認證	美國LEED CI黃金級認證

跟著台達蓋出綠建築！

13

南亞試金石
印度Rudrapur廠

台達的綠築跡持續跨出兩岸範疇，2008年啓用、三年後獲得LEED-INDIA黃金級綠建築標章的印度Rudrapur廠，即是台達在南亞地區的綠建築試金石。

　　於印度北阿坎德省（Uttarakhand）的Rudrapur市，東邊緊鄰尼泊爾，年均溫約24度，卻有超過1,300公釐的充沛雨量，跟台灣一樣是又濕又熱的氣候。

　　這裡有座白色外牆、寬敞而方正的建築，就是當地最常被提起的環保廠房——台達印度Rudrapur廠。

　　營運十一年來，廠內的電源、視訊、汽車電子、工業自動化等生產線，隨著印度經濟起飛，每日馬不停蹄地全速運轉。

　　更難能可貴的是，即便產能持續成長，Rudrapur廠卻持續刷新節能紀錄，在2011年獲得LEED印度體系頒發的黃金級綠建築標章，是該機構在印度頒發的第三張認證。

　　根據2013年的統計資料，Rudrapur廠比當地商業大樓節能超過了七成，台達是如何締造這驚人的節能績效？

大面積綠帶搭配綠能科技

　　首先，是在廠區周圍打造綠帶。占地超過三萬平方米的Rudrapur廠，在2008年的開幕儀式上，就特別安排了神聖的傳統種樹儀式，邀請多位貴賓在大太陽底下捲起衣袖，拿起鏟子翻土、播種、澆水，種下綠色

台達印度**Rudrapur**廠	
完工年份	2008年
設計	Sijcon Consultants Pvt. Ltd.
基地面積	3萬7,016平方米
廠房面積	2萬747平方米
節能效益	最高達76%（較印度商業大樓）
相關認證	印度LEED-INDIA黃金級綠建築

種子。時至今日,廠區裡高達六成面積,都是綠意盎然的開放式綠地與庭園造景,也成為建築降溫的重要關鍵。

此外,這裡也採用了許多有助提升能源效率的綠能科技,諸如可擷取自然光的照明系統、透過通風設備減少空調用電、以精密控制技術提升電力功率、使用最新的環保隔熱建材與R407環保冷媒等。

因應氣候特色 回收雨水再利用

至於當地員工認為Rudrapur廠最搶眼的特色,則是以大面積太陽能光電系統鋪設的建築外牆,不但可以反射多變的天色美景,更讓人從遠方就可一眼認出Rudrapur廠。

為因應當地夏季多雨的氣候特色,Rudrapur廠設有雨水回收再利用系統,並建立真空除菌的汙水處理設備,善用每滴水資源。

綠建築微電影,精華現播

14

融入南亞文化美學
印度Gurgaon廠

距離印度首都新德里只有三十公里的Gurgaon市，由於地利之便，吸引不少企業選在此設立印度市場的運籌中心，台達也是其中之一，更在2011年打造出一棟融合印度文化美學的綠建築。

這座工廠面積達一萬平方米，外觀是象牙白的清爽牆面，四層樓高的建體方正大器，頂樓有座與企業識別logo合為一體的尖塔，巧妙地融入了印度的在地風情與文化特色，讓這座獲得LEED-INDIA白金級認證的綠建築，更為拉近和在地員工的距離，營造更多的認同感。

什麼是印度風的綠建築？站在一樓的透天中庭，馬上就能一目了然。

建築頂層的圓形採光罩，融入了洋溢異國風情的網格狀窗格，一方面呼應印度傳統藝術的紋路美感，更引進大量自然光，讓人在這個開放式空間裡，享有通透的視野與清新空氣。

中庭地板呈現印度風情畫

中庭正中央更別出心裁地以玻璃材質的3D立體畫，取代一般樓板材質。從高處往下看，這片特殊的綠色地板是幅精美的印度風情畫。而從各樓層向下延伸的迴旋階梯，盡頭有大片栩栩如生的綠地。

許多當地員工都肯定表示，由綠意、陽光、空氣和藝術交織的中庭開放空間，是激盪研發靈感與交流創

台達印度Gurgaon廠	
完工年份	2011年
設計	Sijcon Consultants Pvt. Ltd.、Spectral Service Consultants Pvt. Ltd.
基地面積	6,060平方米
樓地板面積	1萬1,728.122平方米
節能效益	最高達54%（較印度商業大樓）
相關認證	印度LEED-INDIA白金級綠建築

意的最佳場所。

　為適應印度炎熱且多雨的氣候，這座工廠採用許多綠能科技，從高隔熱的屋頂結構、絕緣AAC磚牆、55峰瓩（kWp）的屋頂太陽能光電系統、LED照明、高效率暖通空調（HVAC）到雨水回收系統，更大量採用當地建材。

節能效益超過60%

　此外，以雙層隔熱低輻射玻璃布建的外牆立面，讓這棟綠建築相較於印度一般的商業大樓，節能效益超過60%。

　有鑑於水資源在當地格外珍貴，Gurgaon廠特別裝設了厭氧汙水處理設備，將回收水用於非人體接觸使用，如馬桶沖洗與植栽澆灌，並以雨水集水坑及植草磚提供地表水的補充，廠區綠化也選擇低耗水性的抗旱植栽。

1　Gurgaon廠屋頂的圓形採光罩，配合室內的旋轉樓梯及中庭風情畫，十足反映了印度特有的設計美感。

2　為提高水資源使用效率，台達特地裝設厭氧處理設備，讓回收水可用於沖廁及澆灌之用。

3　由於當地水資源珍貴，廠區周圍綠帶皆採用低耗水的抗旱植栽。

綠建築微電影，精華現播

15

打造優質辦公環境
印度Mumbai辦公大樓

有了Rudrapur跟Gurgaon兩棟綠色廠房的打造經驗，台達接下來挑戰的是在一棟多家公司分租的大樓裡，營造出一層綠色辦公室。

從位於十六樓的台達辦公室向下望去，可俯瞰城市風華，於是整層樓盡量以可開啓的窗戶包覆建築，不僅爲室內逾半的區域帶來新鮮空氣，還讓超過90%的辦公空間都能直視窗外好風景，享有自然採光。

辦公室一旁的屋頂花園，一樣讓人賞心悅目，但同時也擔任降低都市熱島效應的要角。天然植栽本身便爲建築提供良好的隔熱保護層，再加上高反射係數（SRI）的隔熱材料，能夠有效阻擋熱能。

除了透過開窗之外，室內新鮮空氣的增添還額外靠

1　辦公室旁的空中花園，不僅爲屋頂降溫，還可幫助減緩熱島效應。

2　Mumbai辦公室的多窗特質，有助於通風、自然採光。

兩台外氣處理設備（treated fresh air units），與空調相連，可供應30%的清新空氣。而辦公室的變頻多聯式空調（variable refrigerant flow）系統也大幅降低冷氣耗電量，所使用的冷媒皆不含氟氯碳化合物。另外，辦公區域內置控燈及控溫系統，員工可藉此管理、調整物理環境的舒適度。在這些綜合調配下，辦公室的室內溫度長期維持在攝氏24度上下，相對濕度則可控制在55%以下。

就室內環境品質而言，廠區一樣嚴格把關。裝潢過程中，諸如黏合劑、密封劑、塗料、油漆等，皆具低揮發性特質，地面則鋪蓋符合地毯工業協會（Carpet and Rug Institute）所認證的環保地毯。

做為低碳經濟模式的表率

自2003年進入印度市場以來，台達集團已在當地成功打造數棟綠建築，這對仍在急速成長的印度來說，意義格外重大。因為能源基礎建設不足的該國，目前仍有數億人生活在沒有電力的環境中，而印度政府此刻正大幅增加低碳能源的投資，以避免重蹈已開發國家「先汙染、後治理」的經濟成長覆轍。

也因此，台達的綠建築廠房和辦公室，不但能幫企業省下可觀的能源成本，建立環保友善的良好形象，更肩負起宣導節能減碳觀念的責任，使印度能堅定地走出屬於自己的低碳經濟模式。

台達印度Mumbai大樓	
完工年份	2015年
設計	DSP Design Associates
基地面積	約1,319平方米
樓地板面積	2,530平方米
節能效益	最高達76%（相較印度商業大樓）
相關認證	美國LEED白金級綠建築

16

地熱調節溫度
台達美洲區新總部大樓

台達的綠色廠辦，近年來也跨越浩瀚無邊的太平洋，矗立於象徵全球創新中心的美國矽谷一帶。

位於弗利蒙大道（Fremont Boulevard）上，有座三層樓的潔淨白色建築，正沐浴在世人稱羨的加州陽光下，這裡是台達集團美洲區新總部大樓。

自從2015年10月啟用以來，短短不到一年，台達美洲區新總部吸引了來自各地的參訪人潮，背景從官員、媒體到企業界都有，因為它不但是弗利蒙市的綠色新地標，更是當地首座預期實現「淨零耗能」願景的建築。

占地15.5英畝（約6萬2,726平方米）的台達美洲新總部，出自建築師潘冀之手，一開始便以LEED的白金級綠建築為標準，朝著淨零耗能的目標而打造。

從外觀上看，白色與灰色為基調的外觀和方正格局，讓整棟的建築顯得沉穩而大器，並且在外圍寬闊的戶外空間，栽種了許多耐旱植物，用綠色增添了許多活潑氣息。

回收雨水即可澆灌園區

氣候乾燥、少雨的加州，這幾年正面臨史上罕見的乾旱與水荒，因此如何善用水資源，是美洲區新總部大樓的設計初衷之一。

對此，這棟總部打造完整的雨水回收系統（rain harvesting），匯流至地下容量達14萬加侖（約63萬

台達美洲區新總部大樓	
完工年份	2015年
設計	潘冀聯合建築師事務所
基地面積	6萬2,726平方米
樓地板面積	約1萬6,648平方米
節能效益	空調節能60%，預期2020年達到全年淨零耗能
相關認證	美國LEED白金級綠建築

6,000公升）的巨大儲水槽，滿水位時足夠澆灌園區植被兩個月。

除了回應水資源議題，這棟綠建築更活用當地特有的天然資源。多數人一說到加州，馬上會想起金黃色的「加州陽光」。

走上台達美洲新總部的屋頂，一眼望去，被太陽能板覆蓋的屋頂在陽光下閃閃發亮，此太陽能光電系統的總裝置容量高達616峰瓩（kWp），每年可貢獻超過100萬度的綠色電力，相當於提供當地近百戶住家一整年用電，把溫暖的陽光化為能量。2019年，建築周圍預計額外加裝約515峰瓩（kWp）的太陽能停車棚，使美洲總部「整年度」能夠零能耗。

另外，大面積的落地窗和活動式天窗，一方面替美洲新總部打造遼闊的視野和自然照明，讓室內和室外空間互相交融為一體，二來也透過隔熱建材、節能玻璃和通風設計，巧妙地抵擋陽光的炙熱感。

地底管線維持冬暖夏涼

更重要的是，運用獨特的「地源熱泵」（ground source heat pump）系統，把地表淺層的恆溫（約攝氏21度）特性應用到空調系統，以大幅節省空調用電，成為台達全球二十多棟綠建築中，至今唯一成功使用地熱資源的首例。

如何運作呢？地源熱泵系統連結了位於地下15與30

1　合計長達92英哩的熱交換管線，是幫助台達美洲新總部兼顧節能表現與良好室溫的隱形功臣。

2　善用頭上的「加州陽光」，台達美洲新總部屋頂設有大面積的太陽能光電系統。

3　開電動車上下班的台達資深企業顧問暨前任美洲區總裁黃銘孝，每天身體力行綠色通勤的理念。

地源熱泵的換熱原理

「地源熱泵」概念最早在1912年即有瑞士專家提出，利用地球淺層資源（包括土壤、地下水、地表水或城市中水），既可以供暖又可以製冷的節能特性。透過鋪設在土壤或地表水的管道，實現建築物和地表的換熱，達到理想的空調效果。

至於「雙向輻射加熱冷卻系統」原理，則是透過室內冷卻或加熱的輻射裝置，安裝在地板和天花板管道，一般會以水做為介質，透過輻射和對流方式，均勻地分配室內冷量或熱量，提高舒適度，進而減少空調用電。

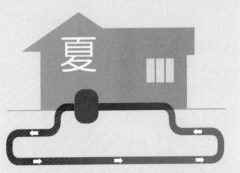

夏季時，透過地源熱泵系統，將室內熱能（紅色）導入地下，降溫後，再將涼水（藍色）送回建築物。

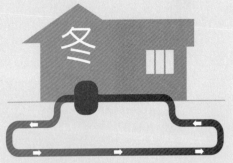

冬季時，則反之，將涼水（藍色）導入地下，從地層吸熱後，再將熱能（紅色）送回建築，保持室內舒適溫度。

英呎的管線，以及隱藏在各樓層地板與天花板的「雙向輻射加熱冷卻系統」（bi-directional radiant heating and cooling），經由管內循環的1萬2,000加侖水頻繁流通，達到加熱或冷卻的調節效果。冬季天冷時，地底管線便替大樓傳送來自地下的熱能；若是天熱的夏

季，則可把室內熱能導入地下，讓室內隨時維持理想溫度。

說來容易，做起來可不簡單。事實上，這套負責熱交換的管線非常綿密、複雜，合計全長竟有92英哩（約147公里）。

潘冀建築師回想，當初透過一番腦力激盪與實地實驗，才好不容易找到最佳解決方案，如果把所有管線攤開、交疊排列，足可鋪滿五座足球場。

一般商辦大樓的空調設備，通常占整體六成用電量，但透過地源熱泵系統，美洲新總部不但省下六成空調用電，還同時幫辦公空間維持冬暖夏涼的舒適感，有助提高工作效率，一舉數得。

「這座新大樓充滿新鮮、流通的空氣與自然採光，為大家提供健康的工作環境！」台達資深企業顧問暨前任美洲區總裁黃銘孝笑說。

綠建築微電影，精華現播

Chapter 3

綠色夥伴迴響

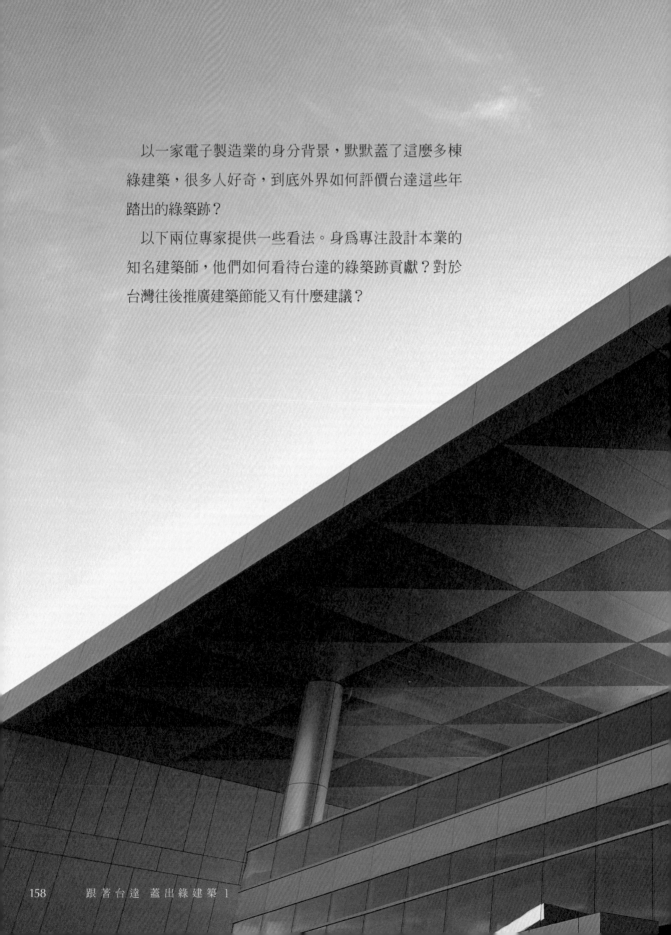

以一家電子製造業的身分背景，默默蓋了這麼多棟綠建築，很多人好奇，到底外界如何評價台達這些年踏出的綠築跡？

以下兩位專家提供一些看法。身為專注設計本業的知名建築師，他們如何看待台達的綠築跡貢獻？對於台灣往後推廣建築節能又有什麼建議？

01

潘冀聯合建築師事務所主持人
潘冀
社會關注、政府當責
推動綠建築普及

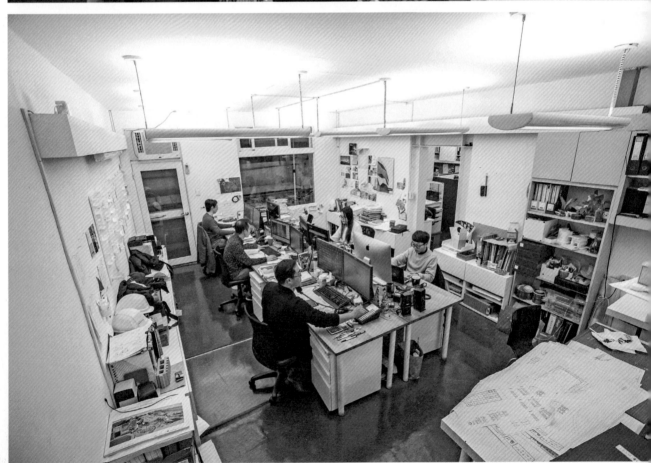

來到台北市仁愛路空軍總部正對面的小巷弄，規模號稱全台第一建築師事務所的「潘冀聯合建築師事務所」隱身於此。有趣的是，雖然是同業龍頭，但潘冀事務所既無搶眼招牌，也非外形奇特的建物，反而低調地跟附近社區公寓融為一體。

重視人文關懷

沉浸建築領域超過半世紀的潘冀，是第一位獲得美國建築師協會（AIA）院士殊榮的台灣人。1981年，從美國回到台灣開業，至今累積逾五百件作品，類型涵蓋高科技廠辦、文教場館、宗教建築、醫療院所等，斬獲國內外建築獎項近六十座，堪稱台灣建築界大師級的人物。

算起來，潘冀應該是最常跟台達合作建造綠建築的建築師之一。從台南廠二期、台達永續之環、台中一中校史館，到美洲新總部大樓，皆出自他的手筆。2015年底，台達集團大規模遠赴巴黎參加聯合國氣候高峰會（COP21），及2016年6月間將該展移師北京，都邀請潘冀一同前往見證。

在北京時，台達宣布2017年「台達盃國際太陽能建築設計競賽」活動起跑，競賽以西安與泉州兩地為模擬主題，向全球募集適合老年人安養天年的太陽能住宅設計方案。

潘冀當下便以他在台灣設計的「雙連教會社會福利園

潘冀

出生	1942年
學歷	成功大學建築學士、美國賴斯（RICE）大學建築專業學士、美國哥倫比亞大學建築及都市設計碩士
榮耀	美國建築師協會院士、中華民國傑出建築師、第19屆國家文藝獎
代表作	台中一中校史館、台達台南廠二期、台達永續之環、台達美洲新總部、雙連教會社會福利園區、台北真理堂

區」為範例，解釋適合銀髮族的頤養住宅需要哪些設計要領，言談間盡是對人性需求、對社會的人文關懷。

多年的攜手合作過程，潘冀觀察，台達是家很認真的公司，「他們做這些（蓋綠建築與倡議環境議題）不是為了打知名度，而是真的相信，這是一個對的方向！」如此不具私心的自願付出，令他相當服氣。

尊重自然的設計思維

其實，在接受台達委託之前，潘冀心中就有了「尊重自然」的設計思維。

1985年，他和王秋華建築師一起為中原大學設計的「張靜愚紀念圖書館」，就嘗試了許多被動式節能設計手法。當時潘冀發現，台灣的房子愛用RC構造牆，白天很吸熱，到了晚上，整個室內熱烘烘，必須狂開冷氣才能降溫。

待過美國的他知道，有許多隔熱建材可減少熱能進入室內，但在台灣因價格太高及欠缺採購管道，使用率不高。他當時便採取權宜做法，在RC牆內多設計一層金屬薄膜，中間打出一道空氣層，再把圖書館的書架當作室內牆，幫助建物隔熱，並打造大量天窗與通風路徑，提升通風和採光效果。

可想而知，當年「綠建築」這個名詞還沒出現，環保運動也還在萌芽階段，為何潘冀堅持做節能設計？

回顧他的求學過程，在成功大學攻讀建築時，校內

1　以「淨零耗能」為目標設計的台達美洲區新總部，已取得美國LEED白金級綠建築標章。

2　以「復舊如舊」手法成功修復的台中一中校史館，創下全台首座經碳足跡查核與認證的歷史建築。

3　吸引眾多觀賞人潮與媒體話題的台達永續之環，希望向外界傳達《易經·恆卦》中生生不息與敬畏自然的永續態度。

那句「建築是歷史的代表，文化的象徵，科學與藝術綜合的產物」，不僅讓他震撼不已，也深感建築師肩上背負的重任。

因為建築不僅工程量體龐大、使用時間長久，更是原有地貌景觀的外來者，影響深遠。身為一名建築師，當然必須思考如何讓建築融入周遭環境，並減少資源的消耗。

建築是社會的「公共財」

事實上，建築的表現好壞，連帶影響整個國家的能源消耗、景觀文化、周遭環境及市民生活等許多層面。但潘冀感慨的是，台灣社會似乎對建築一知半解，「好的沒人報，壞的也沒人批，」久而久之，業界就習慣隨便做做，等災難發生後才七嘴八舌地檢討，「這是不對的，建築是社會的『公共財』啊！」說話一向溫和的潘冀，露出焦急的語氣。

除了社會大眾的冷感，潘冀直言，綠建築要普及，除了仰賴台達這種有心投入的企業，政府更得發揮帶頭作用。

1999年，台灣推出全球第四套綠建築評估系統，僅次於英國、美國、加拿大，後來還要求造價逾5,000萬元的公家建案都得符合綠建築標準。表面看來，政府推廣成效似乎不差。

但潘冀指出，訂出綠建築的標準只是第一步，面對

更大的老屋再造、都市更新或公共建設等議題，政府應勇敢承擔推動責任，不應將責任「外包」。

比方，他跟台達合作修復台中一中校史館那三年，由於是台灣第一次將歷史建築改造為綠建築，從沒有過經驗，前兩年幾乎都耗在冗長的行政程序，要等文史學者與古蹟修復專家組成的審查委員會點頭，才能施工。事後回想，台中一中校史館是量體不大的中小型建設，且資金來自民間單位，若是規模更龐大或動見觀瞻的公共建案，要突破的行政環節與重重審議過程，恐怕更折煞人。

最近幾次受邀演講綠建築題材，潘冀習慣以十九世紀知名畫家Thomas Cole的《建築師之夢》（The Architect's Dream）當作結尾，觸發聽眾省思。

這些畫的內容，大多在隱喻人類文明過度發展，已嚴重影響環境和氣候變遷，提醒建築師趕快懸崖勒馬，扭轉傳統城市設計的僵化思維。令潘冀詫異的是，在工業革命剛起步、約兩百年前，就已經有人預見到這條不歸路，並以創作發出警訊。

回首近年綠建築帶動的風潮，潘冀總結，其實綠建築最重要的內涵既非設計、也非科技，而是一種簡樸的「生活態度」。透過一棟又一棟的綠建築不斷提醒人類，千萬不要因為科技的進步，就無止境地揮霍資源，失去敬畏大自然的謙卑態度。

02

九典聯合建築師事務所主持建築師

郭英釗

「低碳美學」被認同
綠建築才能說服大眾

談到對建築的想法，跟郭英釗從小生長於充滿生態氣息的鄉下環境有關，對於建築如何融入自然更是充滿了熱情。

合夥創業的張清華建築師也是台南同鄉，兩人有類似理念，對他們來說，建築不是硬梆梆的水泥盒子，而是可跟生物一樣不斷演化、提升使用效率的有機生命體，因此合創的九典聯合建築師事務所，英文就取名為「Bioarch」（biological＋architecture），也就是生態建築的意思。

讓郭英釗開始聲名大噪的作品，應該是2006年底啟用的台北市立圖書館北投分館，它不但成為當地知名的觀光景點，更可說是台灣第一棟廣為人知的綠建築。

這幾年，九典代表作還有花博新生三館（夢想館、未來館、生活館），以及跟台達合作災後重建的高雄那瑪夏民權國小，讓郭英釗成為目前國內最具代表性的綠建築名家之一。

偏好環保的木質材料

觀察上述幾棟綠建築，不難發現郭英釗對木質材料的偏好。但他苦笑，「其實一開始是被業主逼的，」當時委託他打造北投圖書館的業主，開宗明義就要求用木頭當建材，一開始還讓他有點頭大。後來他發現，樹木不僅可展現自然的樸實感，還能不斷生長、循環

郭英釗

出生	1959年
學歷	成功大學建築學士、美國加州大學洛杉磯分校建築碩士
榮耀	中華民國第12屆傑出建築師、兩屆台灣建築獎、三屆內政部優良綠建築
代表作	台北市立圖書館北投分館、台北國際花卉博覽會新生三館、高雄那瑪夏民權國小、經濟部中台灣創新園區

1 台北花博新生三館（夢想館、未來館、生活館），不僅讓建築跟基地原有的樹群、地貌完美融合，也有助於降低都市熱島效應。

2 協助莫拉克災民重建的高雄那瑪夏民權國小，如今兼具教育空間與避難場所的雙重功能，更將原住民文化的意涵融入其中。

再利用，只要善加管理，是比鋼鐵更環保的建材，此後木頭就成為他的一項重要設計特色。

不少同業都視綠建築為苦差事，郭英釗反樂在其中。因為他認為，能遇到台達這種懂得尊重、願意放手讓建築師打造環境友善建築的業主，簡直是「天上掉下來的禮物」，碰上了一定要努力做好！他不諱言，即便今日環保議題風行，綠建築成為琅琅上口的流行詞彙，但這樣的機會還是不多。

2015年底，郭英釗跟台達一起遠赴巴黎參加聯合國氣候高峰會（COP21），他瀏覽眾多活動後發現，多數企業都趁著巴黎氣候峰會召開的機會宣傳自家

產品或營造形象，「但台達反而很少講自己的產品，幾乎都在講未來的減碳承諾，還用綠建築表達環境關懷，」這一點讓他深感佩服。

先從「認識基地」開始

設計一棟綠建築的訣竅是什麼？郭英釗的答案意外地簡單，就是先從「認識基地」開始。

從最早的北投圖書館，到後來的高雄那瑪夏民權國小，郭英釗都花了很多時間在建築基地附近來回走了好幾趟，親自感受當地的氣候特色、生態分布與周邊環境的文化。

他妙喻，「建築基地就像土地公一樣，它會告訴你很多事，告訴你，它想要什麼。」一旦建築師跟基地發生了連結，就會產生一股責任感，幫助克服往後建造過程面臨的種種困難。

比方，當初為了不破壞北投公園內原有的老樹跟古蹟，郭英釗選擇讓圖書館建造面積一再退縮，最後只剩下畸零的三角形建地，卻因此讓圖書館更融入周邊地景，減少了突兀感。

又例如，他為高雄那瑪夏民權國小的結構造形苦思不已時，也因基地周遭盛開的曼陀羅花而受啟發，這些都是基地向他訴說的事。

過去，建築是人類對抗自然的象徵，人們設法建立一個遮風避雨的躲避空間，用來抵禦大自然的威脅跟

極端氣候的侵襲，久而久之，卻使建築成為浪費能源的黑洞，也無法融入周遭環境風貌。直到後來環保意識抬頭，人類才開始反思，如何減少建築產生的環境衝擊，並試圖讓它重新融入環境。

可惜的是，現階段的建築養成教育，多半注重技術、工法或美學訓練，對於建築所處的生態、氣候或文化等周圍大系統的問題，甚少琢磨。郭英釗直言，綠建築要更普及，第一道障礙就是欠缺自然思維的建築教育。

亂中有序的野性美

其次，多數人仍習慣以美學角度，做為衡量建築好壞的標準。如此一來，等於鼓勵建築師絞盡腦汁打造酷炫造形，反而誤導大眾，以為降低環境衝擊的綠建築，只是精於計算節能數據與裝設科技配備的冷門技術，甚至覺得這類建築不夠美，難登大雅之堂。

他舉例，很多建築在設計綠屋頂或空中花園時，都習慣找景觀公司做出井然有序的盆栽部隊，結果淪為人工味十足的「假山假水」。可是，自然界不可能有那麼整齊、連高度都一樣的植栽立面。「如果每棵植物的間距都那麼密，哪裡還有生物棲息的空間？」

殊不知，錯落有致、亂中有序的野性美，才是綠建築應該傳達的「低碳美學」。「綠建築不能老是說教，一定要先讓大眾覺得夠美、感覺到舒適，才能被社會

接受，」郭英釗語重心長地說。

未來建築的樣貌

到底綠建築未來的進化樣貌會是什麼？郭英釗最愛用「三隻小豬」的寓言故事解釋。

前面的三隻小豬，象徵了傳統的建築體系，分別用稻草、木材、磚頭為材料，把房子做得愈來愈堅固，但隨著時代的變遷，象徵大自然威脅的「大野狼」，如今也進化成為愈來愈難以預測的「極端氣候」與「全球暖化」。

因此郭英釗認為，倘若以後有第四隻小豬要蓋房子，一定要是可以大幅削減碳足跡、具備氣候調適能力，並讓外界感受到低碳美學的環境友善建築。這第四隻小豬的房子，便是未來的建築樣貌。

財經企管 BCB686

跟著台達蓋出綠建築 1
引領綠色廠辦風潮

作者 —— 台達電子文教基金會
主編 —— 李桂芬
責任編輯 —— 溫怡玲、劉宗翰、羅秀如、邱元儂、詹于瑤、李美貞（特約）
封面設計 —— 鄭仲宜、蔡榮仁（特約）
內頁排版 —— 翁千雅
圖片提供 —— 台達電子文教基金會、《遠見》雜誌

出版者 —— 遠見天下文化出版股份有限公司
創辦人 —— 高希均、王力行
遠見・天下文化・事業群 董事長 —— 高希均
事業群發行人／CEO／總編輯 —— 王力行
天下文化社長／總經理 —— 林天來
國際事務開發部兼版權中心總監 —— 潘欣
法律顧問 —— 理律法律事務所陳長文律師
著作權顧問 —— 魏啟翔律師
社址 —— 台北市 104 松江路 93 巷 1 號 2 樓
讀者服務專線 —— （02）2662-0012
傳真 —— （02）2662-0007；2662-0009
電子信箱 —— cwpc@cwgv.com.tw
直接郵撥帳號 —— 1326703-6 號 遠見天下文化出版股份有限公司

製版廠 —— 東豪印刷事業有限公司
印刷廠 —— 立龍藝術印刷股份有限公司
裝訂廠 —— 台興印刷裝訂股份有限公司
登記證 —— 局版台業字第 2517 號
總經銷 —— 大和書報圖書股份有限公司電話／(02)8990-2588
出版日期 —— 2020 年 2 月 12 日第一版第 1 次印行

定價 —— 450 元
ISBN —— 978-986-479-927-5
天下文化官網 —— bookzone.cwgv.com.tw
本書如有缺頁、破損、裝訂錯誤，請寄回本公司

國家圖書館出版品預行編目(CIP)資料

跟著台達蓋出綠建築1：引領綠色廠辦風潮 /
台達電子文教基金會著.-- 第一版.-- 臺北市：
遠見天下文化, 2020.02
　面；　公分
ISBN 978-986-479-927-5(平裝)

1.綠建築 2.建築節能 3.作品集

441.577　　　　　　　　109000403